波瀾万丈の車両

様々な運命をたどった鉄道車両列伝

岸田法眼

JR東日本E351系は、四半世紀の歴史に幕を閉じた。
（撮影：裏辺研究所）

大阪市交通局2代目20系　第3軌条初の海底トンネルへ。
（撮影：牧野和人）

アルファベータブックス

JR西日本500系試作車『WIN350』の6号車は、博多総合車両所のイベントで、元気な姿を披露。

JR西日本500系7000番代 『500 TYPE EVA』で、もうひと花を咲かせた。(撮影:裏辺研究所)

JR東日本400系は、新幹線の概念を変えた。(撮影:裏辺研究所)

JR東日本E1系 画期的なオール2階建て新幹線。(撮影:裏辺研究所)

JR四国キハ185系は地味ながら、定期列車から波動用まで幅広く活躍。

JR四国発足後、車両のコーポレートカラー化を進め、キハ185系も緑から水色へ。(撮影:裏辺研究所)

石原慎太郎の英断がなければ、JR東日本253系は生まれなかった。

JR東日本E351系は終点松本で分割され、基本編成、付属編成の順に、松本車両センターへ入庫。

JR東日本253系1000番代は"空港アクセス特急"から、"観光特急"へコンバート。

JR西日本283系は、パノラマグリーン車と展望ラウンジを備えた、"ゆとり"重視の車両。

長野電鉄2100系として移籍後、"空港アクセス特急"から、"庶民の特急"へ役割を変える。

新宮で、国鉄時代に登場した381系とJR西日本283系の振子電車が並ぶ。

➡ III

京阪電気鉄道初代3000系は、"最後のテレビカー"であり、"最後の特急旧塗装車"となった。

JR北海道キハ285系はベールに包まれたまま、生涯を終えてしまった。(撮影:北海道の鉄道情報局)

大井川鐵道にやってきた京阪3000系電車。移籍後も3000系として活躍。(提供:大井川鐵道)

名古屋鉄道キハ8500系は、特急〈北アルプス〉最後の車両。(撮影:RGG)

富山の地に移ってから、27年経過した富山地方鉄道13000形。(撮影:間貞麿)

キハ8500系は会津鉄道移籍後も、JR線に直通する役割は不変だった。

➡ IV

昭和最後の展望席つき特急ロマンスカー小田急電鉄10000形HiSE。(撮影:裏辺研究所)

あこがれの展望席は、乗車券＋特急料金100円で乗れる長野電鉄1000系。

歴代の特急ロマンスカーでは、最大のボリューム感を誇る小田急電鉄20000形RSE。

富士急行8000系は2代目〈フジサン特急〉として、再デビュー。(提供:富士急行)

盛大なお別れイベントで、同時引退の10000形HiSEと20000形RSEがそろい踏み。

新旧〈フジサン特急〉(8000系と2000系)と富士山。(提供:富士急行)

➡ v

中目黒で種別幕を黒地から「各停」に帰る途中、「特急」が姿を現した東京急行電鉄1000系。

伊賀鉄道名物の200系『忍者列車』は、3編成用意されている。

初代3000系のカラーリングをフルラッピングで再現した東京急行電鉄1000系『きになる電車』。

一畑電車1000系は、デハニ50形のカラーリングをフルラッピングで再現。(提供：一畑電車)

丸窓の伝統を受け継いだ上田電鉄1000系『まるまどりーむ号Mimaki』。(提供：上田電鉄)

福島交通1000系　「E電」は浸透しなかったが、「いい電」は地域に根づいた。(提供：福島交通)

➡ VI

将来を嘱望された大阪市交通局初代20系は、御堂筋線10系として花開く。(提供:大阪市交通局)

国鉄がチャレンジしたVVVFインバータ制御は、207系で実用化にこぎつけた。

偉大なる第3軌条初の冷房車、大阪市交通局10系。(撮影:村田幸弘)

国鉄最後の新型車両は、213系近郊形電車。(撮影:裏辺研究所)

大阪市交通局2代目20系試作車の勇退が決まり、前面にヘッドマークを掲出。(提供:大阪市交通局)

JR西日本213系パノラマグリーン車と221系が岡山で並ぶ。

➡ VII

我が国初の交直流通勤形電車、JR東日本E501系は、首都圏から北関東、東北にコンバート。

東武鉄道30000系は当初、伊勢崎・日光線用として投入されたが、現在は大半が東上線へ。

営団地下鉄時代に登場した新世代車両では、短命に終わった東京メトロ06系。

有楽町線では、第2世代車両にあたる東京メトロ07系。のちに全車が東西線にコンバート。

東京メトロ01系の現役最後は、「虎ノ門」で締めくくった。(提供:東京地下鉄)

熊本電気鉄道へ移籍した01系は、第3軌条から架空線へ。(提供:熊本電気鉄道)

波瀾万丈の車両

様々な運命をたどった鉄道車両列伝／目次

第1章—新幹線車両編

JR西日本500系…………………………………6
　　コラム・500系7000番代〈こだま〉…………23
JR東日本400系…………………………26
JR東日本E1系…………………………………48
　　コラム・鉄道博物館に展示されたE1系と400系………61

第2章—JR特急車両編

JR四国キハ185系…………………………………64
JR東日本253系…………………………90
JR東日本E351系…………………………………106
JR西日本283系…………………………122
JR北海道キハ285系…………………136

第3章—私鉄特急車両編

京阪電気鉄道初代3000系…………………………………150
　　コラム・初代3000系の新天地…………165
小田急電鉄10000形HiSE…………………168
小田急電鉄20000形RSE…………………………………180
名古屋鉄道、会津鉄道キハ8500系…………194

第4章─JR通勤・近郊車両編

JR東日本207系⋯⋯⋯⋯⋯⋯⋯⋯⋯⋯⋯208

JR東日本E501系⋯⋯⋯⋯⋯⋯⋯⋯⋯⋯220

JR西日本213系⋯⋯⋯⋯⋯⋯⋯⋯⋯⋯⋯234

コラム・JR東海213系5000番代⋯⋯⋯250

第5章─私鉄・公営通勤車両編

大阪市交通局10系試作車⋯⋯⋯⋯⋯⋯⋯⋯⋯252

大阪市交通局2代目20系⋯⋯⋯⋯⋯⋯⋯⋯⋯270

東京急行電鉄1000系⋯⋯⋯⋯⋯⋯⋯⋯⋯286

東武鉄道30000系⋯⋯⋯⋯⋯⋯⋯⋯⋯302

東京メトロ06系、07系⋯⋯⋯⋯⋯⋯⋯⋯316

東京メトロ01系⋯⋯⋯⋯⋯⋯⋯⋯⋯330

コラム・熊本電鉄01形⋯⋯⋯352

エピローグ⋯⋯⋯⋯⋯⋯⋯⋯⋯354

参考資料⋯⋯⋯⋯⋯⋯⋯⋯⋯356

第1章—新幹線車両編

JR西日本500系　　　　　JR東日本400系

JR東日本E1系

JR西日本500系
怪 物

16両編成で走る姿は過去帳入り。(撮影:裏辺研究所)

歴代の新幹線電車で、もっとも人気がある車両は500系だ。"規格外"という言葉があてはまるほど、従来の鉄道車両にはない究極のスタイルが特徴で、現在も色あせない。"未来の車両が21世紀を待たず現実になった"と実感する人が多かったと思う。

第1章 — 新幹線車両編

1980年代中盤から始まった新幹線のスピードアップ

　東海道新幹線が開業した1964年10月1日(木曜日)から、新幹線の最高速度は210km/hのままだった。初めてその壁を破ったのは、1985年3月14日(木曜日)のダイヤ改正で、東北新幹線が30km/hアップし、240km/hとなった。以後、1993年までのスピードアップは、下記の通りである(実施日はいずれもダイヤ改正日)。

○東海道・山陽新幹線

　1986年11月1日(土曜日)から220km/h運転開始。

○上越新幹線

　1988年3月13日(日曜日)から240km/h運転開始。

○山陽新幹線

　1989年3月11日(土曜日)から、100系3000番代の〈ひかり〉(以下、『グランドひかり』)で230km/h運転開始。

○上越新幹線

　1990年3月10日(土曜日)から、下り〈あさひ〉一部列車の上毛高原—浦佐間のトンネル内で275km/h運転開始(現在、275km/h運転は行なっていない)。

○東海道・山陽新幹線

　1992年3月14日(土曜日)から前者、1993年3月18日(木曜日)から後者も、〈のぞみ〉で270 km/h運転開始。

　上記はすべて高速試験車両の結果に基づいたものではなく、

→ 7

300系3000番代。JR東海車とは、インテリアの配色が異なる。

既存(一部新製)の旅客営業車両の性能をいかんなく発揮したものである。

　JR西日本では、『グランドひかり』の275km/h運転を夢見ていた。その願いは、1990年2月10日(土曜日)6時12分に小郡(現・新山口)付近で277.2km/hを記録したが、残念ながら騒音問題はクリアできなかった。JR西日本は1992年12月から1993年9月にかけて、300系3000番代を9編成投入し、最高速度はJR東海車と同じ270km/hである。

500系試作車は『WIN350』

　JR西日本は、『グランドひかり』の275km/h運転を断念したのち、1990年7月に高速化担当チームを発足させ、最高速度350km/h、新大阪―博多間を2時間20分台で結ぶ構想をたてた。山陽新幹線は東海道新幹線に比べ、線形が良好で最高速度260km/hまで対応できる設計となっていた。

当時の山陽新幹線は航空機、高速バスなどに押されて苦戦を強いられていた。乗客も東海道新幹線に比べて段違いに少なく、『ウエストひかり』(山陽新幹線内の0系〈ひかり〉で、普通車はすべて2人掛け、ビュフェも喫茶店風のインテリアがウリだった) は12両編成、〈こだま〉は6両編成で足りるほど。のちに4両編成も登場した。

　競合する交通機関に勝つためには、スピードアップと輸送サービスの向上が必要不可欠で、〈のぞみ〉の270km/h運転では物足りなかった。

500系の歴史は、『WIN350』から始まった。

　そこで、既存車両の高速試験でも300km/h以上を記録した経験がないため、新幹線高速試験電車1編成6両を新製投入し、データーを収集することになった。

500系試作車『WIN350』

号車	1	2	3	4	5	6
車両番号	500-901	500-902	500-903	500-904	500-905	500-906
	M'1C	M'1P	M1	M2	M'2P	M2C
備考	なし			座席あり	なし	

※4号車の座席は、普通席とグリーン席の2種類。
Mは電動車、Tは付随車。

1992年4月、300系3000番代より8か月早く、新幹線高速試験電車が登場した。『WIN350』(West Japan Railway's Innovation for operation at 350km/h：時速350キロ運転のためのJR西日本の革新的な技術開発）こと500系900番代である。新幹線の試作車は「9000番代」がセオリーで、初めて「900番代」が用いられた。意外なことに、500系の歴史は1992年から始まったのである。

車体は200系、300系で実績があるアルミ車体を採用し、軽量化を図った。このほか、VVVFインバータ制御やボルスタレス台車(比較のため、軸梁式、円筒積層ゴム併用式、ゴム併用支持板の3種類を使用)を採用し、軽量化と高速性能をサポートした。万一に備え、0系、100系3000番代との併結もできる。

塗装は車体の上半分はグレイッシュパープル、下半分はライトグレー、ブルーの帯をさりげなく巻いている。車両の高さは、3300ミリと低く、パンタグラフは屋根から約1メートルの台の上に設置し、周囲を特大のパンタグラフカバーで覆ったため、異様に目立つ。

第1章 — 新幹線車両編

350.4km/hを記録

　『WIN350』は、同年6月8日（月曜日）から基本性能確認試験を博多—博多総合車両所間で行ない、350km/hに向けて、ついに始動した。

　6月22日（月曜日）から山陽新幹線新下関—小郡間で1日3往復程度の速度向上試験を実施した。7月21日（火曜日）に335km/hを記録し、目標とする350km/hに近づいた。8月6日（木曜日）未明に345.8km/h、8月7日（金曜日）1時11分、ついに350.4km/hという当時の日本記録を樹立した。

　その後、パンタグラフカバーの形状を7回変えて、環境対策の試験に入ったが、いずれも350 km/h運転時にパンタグラフから発生する風切り音の騒音が国の基準を超えてしまう課題が発生した。JR西日本は、1994年夏に目標の速度を30km/h下げ、320km /h運転で"妥協"して、量産先行車を登場させることになった。

衝撃の500系量産先行車

　JR西日本は、500系量産先行車（W1編成）を川崎重工業（1〜6号車）、近畿車輛（7・8号車）、日立製作所（9・10・13〜16号車）、日本車輛（11・12号車）にそれぞれ発注した。このうち、川崎重工業製と日立製作所製（13〜16号車）の10両については、1995年12月27日（水曜日）に兵庫工場、後者は12月28日（木曜日）に笠戸工場で完成式が開催された。超高速運転と環境対策のため、外観は

➡ 11

500系は日本の鉄道史に残る最高傑作。

「怪物」という言葉が当てはまるデザインだ。
　先頭車の先頭部の長さについては、『WIN350』の1号車6800ミリ、6号車10140ミリから、一気に15000ミリとした。JR西日本が航空宇宙研究所に先頭部の最適な長さを依頼し、流体力学で解析した結果による。この影響で、先頭車乗務員室寄りの客室は天井が低くなるため、乗降用ドアは1か所のみと

第1章 — 新幹線車両編

W1 〜 W9編成

←博多　　　　　　　　　　　　　　　　　　　　　　　　　　　　　　　　　東京→

号車	1	2	3	4	5	6	7	8	9	10	11	12	13	14	15	16
形式	521形	526形	527形	528形	525形	526形	527形 400番代	518形	515形	516形	527形 700番代	528形 700番代	525形	526形	527形	522形
	Mc	M1	Mp	M2	M'	M1	Mpk	M2s	Ms	M1s	Mpkh	M2	M'	M1	Mp	M2c
備考	普通車							グリーン車			普通車					

なったほか、太平洋側の一部座席も3人掛けから2人掛けに変更し、通路側席部分に荷物台を設けた。

ろうづけアルミハニカム構造の車体は、トンネル微気圧波対策、空気剥離の抑制、すれ違う列車や待避列車への空力的影響の低減、車体強度を考慮して、円筒形となった。300系に比べ、車体断面積が若干狭くなっている。

参考までに、トンネル微気圧波対策は車両だけではなく、地上でも行なわれている。トンネルの出入口部分に筒状のような緩衝工を設け、高速でトンネルを出たときに発生する衝撃音や沿線家屋の振動を抑えている。

様々な技術を採り入れた500系

500系の車体色は、ライトグレーをベースに、ノーズ上部から屋根にかけてグレイッシュブルー、側窓と運転台の周囲はダークグレイ、側窓下はブルーストライプとしている。先頭車の灯具については、東海道・山陽新幹線の営業車両では初めて、前照灯(前部標識灯)と尾灯(後部標識灯)が別々となった(0系、100系、300系は兼用だった)。

鉄道車両の"大敵"ともいえる騒音や揺れを抑制するため、様々な技術を採り入れている。おもな部分は、ボディマウント

構造にして空力的動揺、車両と車両のあいだに「車体間ダンパ」を設け、トンネル走行時のヨーイング(進行方向に対し、蛇行して揺れること)をそれぞれ抑制した。

ボルスタレス台車は、軸梁式箱軸支持方式を採用した。この台車は『WIN350』で試作と試験を行ない、万全を期した。台車の1・16号車にアクティブサスペンション、5・8〜10・13号車にセミアクティブサスペンションを設け、不快な揺れを抑制している。

翼形パンタグラフは、製造コストや耐用年数の点で課題を残す

パンタグラフは5・13号車に設置され、騒音低減に優れた翼型を採用し、パンタグラフカバーに代わり、「碍子オオイ」となった。パンタグラフの碍子部分を覆って騒音を低減するからである。パンタグラフの数が少ないため、車両の屋根上に特別高圧ケーブルを設け、パンタグラフのないユニットに電源を供給している。

『WIN350』廃車

500系量産先行車は1996年1月6〜10日(木〜月曜日)、博多総合車両所に搬入され、1月25日(木曜日)に報道公開されたのち、1月31日(水曜日)から受け取り試運転が始まった。当日は小郡—博多間を170〜230km/hで走行し、早々に4号車で故

障が発生するアクシデントに見舞われたが、山陽新幹線のダイヤに影響はなかった。

車両性能確認試験は小郡─新下関間で行なわれ、3月21日(木曜日)0時頃に300km/h、3月26日(火曜日)0時過ぎに320km/hを記録した。4月11日(木曜日)にはトンネル内において、『WIN350』と500系量産先行車が300km/hですれ違う実験を行なったところ、車体に異常がないことが確認された。JR西日本は1996年12月に臨時列車として、新大阪─博多間でデビューさせたい青写真を描いており、その夢が近づきつつあった。

ところが、4月下旬に車両故障が発生し、広島付近で約1時間ストップしてしまう。このアクシデントが影響したためか、JR西日本は45万キロ近くの走り込みには、1997年2月初旬までかかる見通しをたてた。

JR西日本は9月13日(金曜日)、500系量産先行車のデビューを1997年春に延期することを決めた。その後、東京に乗り入れた場合、車両とホームのあいだが最大32センチ空くことが判明し、急きょ乗降用ドアのステップ下に、転落防止用のフィンを追設した。円筒形の車体が早くも災いしてしまった。

一方、『WIN350』は、1996年5月30日(木曜日)に博多総合車両所で、"「グランドフィナーレ」という名の引退セレモニー"が行なわれ、翌日廃車となった。中間車は解体、先頭車は静態保存が決まった。

乗降用ドアの下にフィンを追設。

➡ 15

先頭車は、交通科学博物館(2014年4月6日〔日曜日〕閉館)で1997年7月に展示される予定だったが、スペースの確保と輸送費などの費用を計算したところ、30億円以上かかることが判明した。折しも不景気による減収減益により、計画見直しが必要となってしまう。

歴史を刻んだ新幹線高速試験車たち。

　その後、500－906は博多総合車両所に残留、500－901は鉄道総合技術研究所米原実験風洞で、JR東日本952・953形『STRA21』(Superior Train for the Advanced Railway toward the 21 Century:21世紀の進んだ鉄道の優れた列車)の952－1、JR東海955形『300X』の955－1とともに、東海道本線、東海道新幹線、近江鉄道本線を見守っている。

ついにデビュー

　500系量産先行車は1996年6月17日(月曜日)、新大阪へ到

達した。半年後の12月2日(月曜日)に東海道新幹線直通を果た
すと、11日後の12月13日(金曜日)、ついに東京まで到達した。
ただし、東海道新幹線は曲線が多いため、300系と同じ
270km/h運転にとどまった。

1997年2月初旬まで約42万5000キロを走り込んだおかげ
で、不具合が発生した部分(台車のボルト、側窓の樹脂加工)につい
ては、すべて新品に取り換えた。非常ブレーキは設定減速度の
変更、1・8・9・16号車の台車に噴射ノズルを設け、レールに
向けてセラミックの粉を自動的に噴射することで、制動距離を
4キロ短縮させた(下り列車では1・9号車、上り列車では16・8号車がそれ
ぞれ動作する)。なお、上記は量産車にも活かした。

3月22日(土曜日)のダイヤ改正で、ついに500系が山陽新幹
線新大阪―博多間の〈のぞみ503・500号〉でデビュー。最高
速度300km/h、同区間の所要時間は2時間17分となり、300
系〈のぞみ〉に比べ、15分短縮された。特に広島―小倉間
(192.0キロ:実キロ)の平均速度が261.8km/h(同区間の所要時間は44
分)、新大阪―博多間(553.7キロ:実キロ)の表定速度(駅の停車時間
を含めた平均速度)が242.5km/hで、とてつもない速さだ。JR西
日本はギネスワールドレコーズに登録申請を行なったところ、
6月23日(日曜日)に認定された。500系は"定期運転の営業列
車による世界最高記録の車両"となったのである。

11月29日(金曜日)、500系量産車の登場を機に、東海道新幹
線直通運転を開始(東京―博多間3往復)。東京―博多間は最速4時
間49分となった。

当日は500系見たさに入場券を購入して見物する人が多
かった。1度見たら忘れられない顔、まるで"ゴジラの来襲"
を思わせるかのような風貌。"怪物"500系は、日本の鉄道車

両において、存在感がひときわ大きい車両となった。

　500系量産車は、客室に帽子掛けを設置、先頭車の一部に設けた荷物台の形状変更など、7・11号車にあるサービスカウンターも位置を変更し、居住性の向上などを図った。

　1・16号車の台車に装備していたアクティブサスペンションは、セミアクティブサスペンションに統一されたことに伴い、電動空気圧縮機も6台から5台に変わった。このほか、主回路出力（主電動機、主電動機電動送風機）の性能を若干落としている。

　W3編成以降では、先頭車前頭部に設置されていた自動動揺検知装置のカメラ用窓を廃止。W7以降の編成では、グリーン車の飾り灯廃止、客室のパネル、電話室の内張りなどを変更した。W2編成以降の量産車は、製造費を若干下げている。

　JR西日本では、300系〈のぞみ〉との違いを明確にしようと、500系の車両愛称として、『イーグルのぞみ』、『ウイングのぞみ』、『のぞみストリームスター』などを用意し、JR東海に提案したが、すべて却下された。仮に『のぞみストリームスター』が採用されていたら、「この電車は、〈のぞみ1号〉ストリームスター博多行きです」という放送が流れていただろう。

わずか150両しか新製されなかった500系

　500系は時代の寵児となったが、量産先行車、量産車は合計9編成で増備が終わった。『WIN350』も含めると、わずか150両である。実は1996年5月21日（火曜日）、JR東海、JR西日本は、次世代新幹線電車の共同開発を発表していたのだ（JR東海が話を持ちかけ、JR西日本が同意した）。

⇒ 18

1997年10月3日（金曜日）、700系が浜松工場で報道公開された。当初、車両形式は「N300系」、「600系」にする案があったという。

　700系は1999年3月13日（土曜日）にデビューすると、瞬く間に数を増やし、10月2日（土曜日）から東京―博多間の〈のぞみ〉は500系と700系に統一され、しばらくこの状況が続いた。

　2003年10月1日（水曜日）のダイヤ改正で、東海道・山陽新幹線は〈のぞみ〉主体となり、500系〈のぞみ〉全列車は、新神戸に停車。新大阪―博多間の最速2時間17分から2時間21分に延びた。2006年3月16日（土曜日）のダイヤ改正では、2005年4月25日（月曜日）に発生した福知山線脱線事故の影響で、2分の余裕時分を設け同区間の最速は2時間23分となった。

東海道新幹線直通用の700系3000番代。（撮影：裏辺研究所）

まさかの〈こだま〉転身

近い将来、東海道新幹線はN700系に統一される。

　2005年3月、JR東海とJR西日本が共同開発をしたN700系が登場した。車体を円筒形にしなくても300km/h運転が可能になり、隔世の感を禁じ得ない。

　500系は長らく、日本最高速度の300km/hで走る新幹線として、子供からお年寄りまで、幅広い世代に愛されていたものと思われた。ところがビジネスマンの人気はイマイチだった。300km/h運転をするため、車体を円筒形にした影響で、車内が狭く居住性に難があると"判定"されたのだ。夢中で乗っている人には、気づかないか気にならない。加えて先鋭的なロングノーズの影響で、1・16号車の乗降用ドアが1か所しかないことも"評価"の対象となってしまった。

　参考までにN700系では、車内空間を700系なみとしているが、車体強度の都合により、側窓が小さくなった難点がある。

　2007年7月1日(日曜日)、N700系がデビュー。3か月後、

第1章 — 新幹線車両編

JR西日本のN700系3000番代が投入されたことで、500系の〈のぞみ〉離脱が始まる。衝撃のデビューから、わずか10年で世代交代を迎えてしまったのである。

2008年3月15日(土曜日)のダイヤ改正では、東京─博多間の500系〈のぞみ〉が2往復に減り、所要時間も700系〈のぞみ〉とほぼ同じとなった。JR西日本に問い合わせたところ、最高速度は300km/hから変更していないという。

8両編成に短縮された現在も、圧倒的な存在感を放つ。(撮影:裏辺研究所)

V2～9編成

←博多　　　　　　　　　　　　　　　　　　　　　　新大阪→

号車	1	2	3	4	5	6	7	8
形式	521形 7000番代	526形 7000番代	527形 7000番代	528形 7000番代	525形 7000番代	526形 7200番代	527形 7700番代	522形 7000番代
	Mc	M2	Mp	M2	M'	M1	Mpkh	M2c
備考	普通車				普通車			
					元13号車	元10号車	元11号車	元16号車

⇒ 21

12月1日(月曜日)、500系を8両編成に短縮させた500系7000番代が"2階級降格"の如く、〈こだま〉の運用に就いた。このため最高速度を285km/hに落とし、パンタグラフは翼型からシングルアーム式に取り換えるなど、大掛かりな改造を施した。

　なお、余剰となった1編成分の中間車8両が廃車されたほか、W1編成のみ、8両編成化改造を受けなかった。

　500系〈のぞみ〉は、2009年11月10日(火曜日)から1往復となり、ついにカウントダウンが始まる。注目を集めるレールファンも多かった。

　ダイヤ改正前の2010年2月28日(日曜日)、〈のぞみ29号〉博多行きを最後に東海道新幹線及び〈のぞみ〉運用から撤退した。

　この日の東京はあいにくの空模様の中、大勢のレールファンらが集まり、500系〈のぞみ〉最後の雄姿を見届けた。大粒の雨は、500系自身が流したかった涙の代わりかもしれない。

"花のお江戸"を発車した〈のぞみ29号〉博多行き。

第1章 — 新幹線車両編

 500系7000番代〈こだま〉

　500系7000番代〈こだま〉の自由席は1～3・7・8号車、指定席は4～6号車を基本としている。自由席は一部を除き、従来通りの2人掛けと3人掛けが並ぶ。

　4・5号車の座席は、2013年10月から2か月間、700系7000番代の4～8号車と同じサルーンシートに取り換えられた。シートピッチは従来通り1020ミリながら、座席幅を430ミリから460ミリ(3人掛けの中央席と同じ)に拡大され、居住性の向上を図った。このため、仕切りドアと干渉する部分は、1人掛けのD席となり、その隣に手すりとC席用のテーブルが備えられている。

自由席3人掛け。

自由席2人掛け。

　なお、1人掛けの座席は、4号車1・20D席、5号車1・19D席である。

　6号車指定席は元グリーン車で、室内灯を電球色から白色に、床をカーペットから塩化ビニール系床敷物にそれぞれ変更。読書灯、

4・5号車の指定席2人掛け。

→ 23

オーディオ操作パネル、フットレスト、枕の撤去などが行なわれた。シートピッチは1160ミリのままで、坐り心地もよい。

8号車の乗務員室寄りは、座席2列分を撤去し、子供向けの運転台模型を設け、2009年9月19日(土曜日)から運行を開始した。右側の主幹制御器(マスターコントローラー)を引いて最大の「11」にすると、スピードメーターが作動し、25.8秒で300km/hに到達。一気に押して「切」にすると、20.3秒で停止する。左側のブレーキハンドルは、"飾り"のようだ。

なお、客室は全車禁煙だが、3・7号車に喫煙ルームを設けた。

4・5号車の指定席1人掛け。

6号車の指定席は、すべて2人掛け。

喫煙ルーム。

V2編成は"プチジョイフルトレイン"と化しており、2014年7月1日(土曜日)から『プラレールカー』として運行。1号車にプラレール、お子様向け運転台、プレイゾーンが設置され、2015年8月30日(日曜日)まで続いた。

2015年11月7日(土曜日)から「新幹線：エヴァンゲリ

第1章 — 新幹線車両編

JR西日本500系

オンプロジェクト」の一環として、『500 TYPE EVA』の運行を開始。1号車「展示・体験ルーム」では、実物大コックピットなどを設置。2号車は「EVAデザイン」を施しており、自由席として利用できる。

2018年5月13日（日曜日）に運行終了後、6月30日（土曜日）から『ハローキティ新幹線』の運行を開始し、好評を博している。

大人でも楽しめる運転台模型。

『ハローキティ新幹線』のロゴ。（提供：西日本旅客鉄道）

話題沸騰、『ハローキティ新幹線』。（提供：西日本旅客鉄道）

JR東日本400系

先輩200系より早く現役を退く

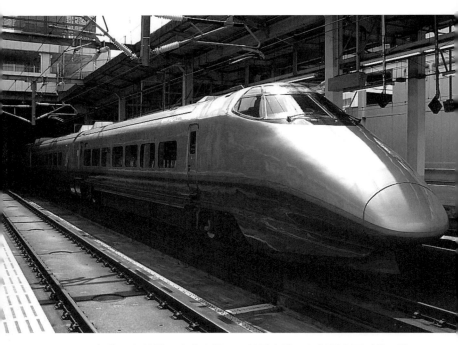

1990年代の新幹線は未来を担い、社運を賭けた新型車両が続々登場した。（撮影：裏辺研究所）

JR東日本400系は、新幹線と在来線の両方を走行できる"ミニ新幹線"の初代車両だ（在来線は狭軌から標準軌に改軌）。「1990年登場、1992年デビュー」は、JR東海300系と共通しており、新幹線新時代を告げる車両のひとつだった。

ミニ新幹線生みの親、山之内秀一郎

　国鉄の東海道新幹線は1964年10月1日（木曜日）に開業し、最高速度210km/h運転で一躍世界中の注目を集めた。しかし、フランス国鉄は1981年9月27日（日曜日）にパリ―リヨン間の高速新線、TGV（Train Grande Vitesse：非常に早い列車）南東線を開業させ、最高速度260km/h運転を実施。日本の東海道・山陽新幹線以上に速いスピードが世界中に衝撃を与えた。

　TGV南東線の特徴は速いだけではない。リヨンから先の在来線にも直通し、グルノーブル、サン・テチエンヌ、ジュネーブなどに足を踏み入れた。線路幅を同じにすることで、柔軟な運転ができるのだ。

　これに注目したのは、国鉄の役員クラスだった山之内秀一郎だ。"在来線の線路幅を狭軌（1067ミリ）から標準軌（1435ミリ）に改軌すれば、新幹線と在来線の直通運転が可能ではないか"とにらむ。当時、国鉄在来線はすべて狭軌だった（新幹線や、一部の私鉄、地下鉄などは標準軌）。

　そこで山之内は、全国新幹線鉄道整備法（1970年5月18日〔月曜日〕法律第71号）の条文を目視すると、第2条に記載されている新幹線の定義に注目した。

　「この法律において『新幹線鉄道』とは、その主たる区間を列車が二百キロメートル毎時以上の高速度で走行できる幹線鉄道をいう」

　線路の幅が新幹線と同じでも、最高速度200km/h以下は新幹線ではない。そういう解釈ができる。"整備新幹線の基本計画路線として、「山形」が入っていても、ルートと着工時期は

いつになるのかわからない。それならば、整備新幹線より先に在来線の改良工事を行なえば、新幹線電車の山形直通ができるのはないか"。山之内はそう考え、国鉄建設部門の幹部や山形県選出の国会議員などに構想を打ち明けた。ところが賛同を持つ者は、山之内をよく知る1人以外、誰もいなかった。

その後、山形県選出の国会議員が翻すかの如く賛同したのがきっかけで、国鉄はミニ新幹線の検討チーム、そして1986年6月に運輸省(現・国土交通省)も「新幹線と在来線との直通運転構想検討会」が発足した。

1987年4月1日(水曜日)の国鉄分割民営化後、7月1日(水曜日)にJR東日本、運輸省、学識経験者などが集まり、「新幹線・在来線直通運転調査委員会」が発足。暮れに「在来線鉄道活性化対策事業」として、国から補助金が出されることになり、JR東日本は「新幹線・在来線直通運転計画推進プロジェクトチーム」を立ち上げた。その後、山之内の構想通り奥羽本線福島―山形間の新在直通運転(新幹線と在来線の直通運転)が決まった。

JR東日本は1990年9月1日(土曜日)にダイヤ改正を行ない、新在直通運転工事本格化のため、奥羽本線福島―山形間のうち複線区間を単線化(一部区間のみ9月17日〔月曜日〕に実施)させ、改軌工事を行なった。また、単線区間の関根―羽前中山間では、バス代行輸送を実施した。そして、福島では、東北新幹線と奥羽本線への連絡線も建設した。

なお、蔵王―山形間は貨物列車が通るため、標準軌と狭軌を併設した3線軌道とした。

➡ 28

400系登場

400系量産先行車S4編成

←上野　　　　　　　　　　　　　　　　　　　　　　　　　　　山形→

号車	1	2	3	4	5	6
形式	401形	402形	403形	404形	405形	406形
	Msc	M'	M	M'	M	M'c
備考	グリーン車	普通車					

400系の運転台。

　同年10月、新在直通運転に対応した400系が6両編成で登場した。車両番号は1号車401形、2号車402形という順で、編成番号は「S4編成」と付与された。JR東日本新幹線電車の「S」は、試作車、量産先行車という意味である。

　車体はコスト削減のため鋼製を採用し、200系に比べ軽量化されている。塗装は在来線走行時に車両の視認性を高めることや、未来のイメージを山形に提供する目的で、シルバーメタ

リックをベースに、屋根、窓回り、台車部分はグレーをアクセントカラーとした。今までの新幹線電車は、アイボリーやホワイトだったので、個性的かつ強烈だ。前面は、高速走行時の空力音、空気抵抗を低減させるため、200系に比べ鋭い流線形とし、運転席の側面には楕円形の窓を設置した。1号車と5号車には400系のロゴマークを貼付。新幹線電車では初採用となった。

　車体断面は在来線なみの寸法とした。新幹線電車と在来線車両は、幅が異なるのだ(200系は約3.3メートル、400系は約2.9メートル)。このため、新幹線ホームでは、電車とホームのあいだが広く空いてしまうことから、乗降用ドアの下に自動格納式の可動ステップを設けた。

新幹線ホームに停車した際、車両の可動ステップが作動する。

　乗降用ドアはプラグドアを採用した。JR北海道キハ183系5000番代や東武鉄道(以下、東武)100系などの外吊り式ではないため、戸袋を設けている。

　交流電化の架線電圧は、新幹線25,000ボルト、在来線20,000ボルトと異なるので複電圧に対応した。400系は日本の交流電車初の複電圧に対応した車両である。制御装置は200系と同じサイリスタ連続位相制御、最高速度は新幹線区間240km/h、在来線区間130km/hとした。

　列車無線は新幹線用のLCX方式、在来線用の空間波方式、保安装置も新幹線用のATC(Automatic Train Control：自動列車制御

装置)、在来線用のATS − P(「ATS」はAutomatic Train Stop：自動列車停止装置)もそれぞれ搭載。奥羽本線の豪雪地帯や福島―米沢間の急勾配、急曲線にも対応するため、抑速ブレーキ、耐雪ブレーキも装備して万全を期した。

　台車はボルスタレス台車を採用し、新幹線区間の安定した走行、在来線区間の曲線通過性能の両方に対応できるようにした。軸箱支持装置はウイング(コイルバネ＋積層ゴム)方式、ウイング(円錐ゴム方式)方式、支持板方式の3種類を2両ずつ用い、量産車では最適な台車を選ぶことにした。

　パンタグラフは0系から続く下枠交差式を採用し、2・4号車に搭載。支持構造は2元系と3元系の2種類を用いて比較することになった。パンタグラフカバーも装備され、在来線上では折りたたむ構造とした。

試作車のグリーン車は液晶テレビつき

　グリーン車は普通車利用客の通り抜けを防止するため、1号車に設定し、新幹線電車初となる1列あたり1人掛けと2人掛けの配置となった。ただし、1列分のみ2人掛けを1人掛けとしている。車椅子利用客のスペースを確保したためで、洋式トイレもベビーベッドを備えるなど、赤ちゃん連れの保護者にも優しい設計だ。

　座席は内側のひじかけにオーディオ設備、外側のひじかけにテーブルを内蔵した。座席背面には、引き出し可能な液晶テレビが装備された。国鉄分割民営化初期、グリーン車を中心に液晶テレビを装備する車両があり、当時のトレンドだった。

座席の下はフットレストではなく、レッグレストを内蔵した。手動式のレバーを使うことで、ひざを支えるものである。このほか、読書灯も設けた。客室インテリアは春を表し、シートモケットやカーテンなどは桜色である。

　普通車は一部を除き2人掛けとなり、2〜4号車は指定席用、5・6号車は自由席用に分けた。異なる点はシートピッチ(前者は980ミリ、後者は910ミリ)と客室のインテリア(前者は夏、後者は秋を表現)だ。なお、2号車は1列分のみ1人掛けとして車椅子利用客のスペースを確保している。座席については、リクライニングシート、転換クロスシート、固定式クロスシートの3種類を装備した。

　400系は東北新幹線で試運転を行ない、同年中に奥羽本線の標準軌工事が完成した区間に足を踏み入れ、新在直通運転に向けてスタートを切った。

　なお、400系は山形ジェイアール直行特急保有株式会社が保有し、設計や購入についてはJR東日本が受託したものである。

新幹線電車初の分割併合装置を搭載

　400系の特徴のひとつとして、新幹線電車初の分割併合装置を搭載した。東京のJR東日本新幹線用ホーム(当時未開業)は1面2線(現在は2面4線)しか確保できず、新在直通単独列車の設定が難しく、新幹線区間では200系との併結運転することになったからだ。

　新幹線電車の分割併合装置は、在来線の車両と同様に、電気連結器を装備した。ただし、スノープラウや床下構造の制約に

第1章 — 新幹線車両編

より、密着連結器の下に搭載することができず、上にした。
400系は東京・上野方先頭車、200系は改造の上、仙台・盛岡
方先頭車にそれぞれ搭載した。いずれも連結器カバーは自動で
開閉する。

　新幹線の併合作業で難しい点は、先頭車の鼻が長い構造のた
め、前方列車の間隔が運転士側から見てわかりにくい点にあ
る。このため、400系試作車を新製した東急車輌(現・総合車両製
作所)では、超音波式列車間隔検知装置を開発した。併合作業
において、前方列車との間隔を正確に測定し、運転台のディス
プレイに表示する。運転士はこの情報を基づき、さらに前方列
車に乗務する車掌の指示で運転操作を行なう。

　1991年に入ると、200系との併結試験を行ない、良好な結
果を得た。

上越新幹線で345km/hを記録

　同年、JR東日本は、上越新幹線上毛高原―浦佐間の下り線
で高速試験を実施することになり、試験車両として400系が選
ばれた(運転区間は高崎―長岡・燕三条間)。240km/h性能のままで
は試験にならないので、改造して挑むことになった。

　その内容は、330km/h程度の速度が出せるよう、主電動機
の回転数を下げるため、駆動装置の歯数比を2.7から2.16に、
ATCの制限速度現示を350km/hまでに、車輪の踏面形状を円
弧踏面(直線走行の安定性と曲線通過性に定評がある)から円錐踏面
(高速走行の安定性に定評がある)にそれぞれ変更。主電動機の回路
に60%弱め界磁を追加し、ブレーキディスクの熱容量を大き

➡ 33

くすることで、ブレーキ性能を向上させた。

　地上設備も改良を行ない、レール頭頂部の削正、分岐器や伸縮継目の整正、トロリー線(架線)の張力向上及び一部を張り替えた。

　高速試験は2月25日(月曜日)から3月29日(金曜日)まで実施。終盤に320km/h以上の夜間高速走行試験を行ない、3月26日(火曜日)4時02分、越後湯沢―浦佐間の湯沢トンネルで336km/hを記録した。2月28日(木曜日)にJR東海300系が東海道新幹線米原―京都間の下り線で325.7km/hをたたき出したばかりで、わずか1か月でスピード記録を塗り替えた。

　その後、JR東日本は、8月28日(水曜日)から9月21日(土曜日)まで、再び400系を使用した高速試験を上越新幹線高崎―燕三条間で実施することになった。地上設備は前回と同様の条件で行ない、車両については主電動機の不具合対策を施し、車輪の踏面形状も5号車のみ円弧踏面、ほかは円錐踏面にして、比較することになった(それ以外は前回と同じ)。

　400系は2回目の高速試験に挑み、終盤を迎えた9月19日(木曜日)4時31分、やはり湯沢トンネルで345km/hを記録した。

　高速試験はただスピードを出せばいいのではない。乗り心地、ブレーキ性能、パンタグラフの離線率(「離線」というのは、パンタグラフの摺板がトロリー線から離れると、アーク放電ならびにアーク光が発生すること)、騒音などのデータを集めなければならない。

　高速試験を2回に分けて行なった結果、良好なデータを得たものの、円弧踏面と円錐踏面の差は明確ではなかった。その後、高速試験は952・953形『STAR21』に引き継がれた。

　蛇足ながら、日本の鉄輪式車両によるスピード記録は、

1996年7月26日(金曜日)にJR東海955形『300X』が東海道新幹線米原—京都間で、443km/hを樹立した。

『300X』は、1995年1月に落成した新幹線高速試験車両。

400系量産車が登場し、L編成となる

400系L1～L12編成

←東京　　　　　　　　　　　　　　　　　　　　　　　　　　　山形→

号車	9	10	11	12	13	14
形式	411形	426形 200番代	425形	426形	425形 200番代	422形
	Msc	M'	M	M'	M	M'c
備考	グリーン車	普通車				

S4編成は、形式変更や量産車化改造を受けた。

1992年1月、400系量産車が登場し、6月下旬までに11編

400系量産車のオリジナルカラー。

成を投入した。併せて編成記号も「L」となり、量産車はL2〜12編成と付与された。

　量産車は試作車に比べ、変更点が多い。

　東京―福島間は200系8両車(1〜8号車)と併結するので、400系は1〜6号車から9〜14号車に、形式記号番号も従来の新幹線電車と同じ呼称に変更した。

　先頭車の側面は、運転台のレイアウト変更に伴い、運転席側面の楕円形窓の設置をとりやめた。

　このほか、床下機器のカバーは曲面状から平板状に、パンタグラフカバーは可動式から車両限界内の固定式に、可動ステップは幅を広げるため、スライド式から水平方向にヒンジを設けた、そして、折り畳み式に変更するとともに、乗務員室扉にも設けた。

　乗降用ドアは、プラグドアから、鉄道車両では一般的な引戸に変更した。そして、新幹線電車では初めて、「自由席」と

「指定席」の表示器を省略した。

　試作車で複数を搭載したボルスタレス台車の軸箱支持装置は、支持板方式、パンタグラフの支持方式は、高速走行試験で良好な結果を得た3元系をそれぞれ選択し、若干の改良を加えた。

　車体の塗装については、側面に200系との一体感や関連性を強めるため、グリーンの細帯を追加し、アクセントカラーとしての存在感を醸し出した。それを象徴するかの如く、客室の変更点も多い。

　グリーン車は200系249形の座席をベースとしたものを採用し、シートモケットやカーテンはパープル系とした。試作車では座席背面に液晶テレビを設置したが、量産車では不採用となった。レッグレストはフットレストに変更した。

　普通車はすべてリクライニングシートとなり、こちらも200系10次車をベースとしている。指定席と自由席のシートピッチについては、試作車を踏襲し、後者はリクライニングの角度を小さくして前者との格差をつけている。シートモケットも前者はブラウン系、後者はブルー系、カーテンもすべてブルー系とした。

　デッキについては、425形に自動販売機、422形、425形200番代、426形に荷物室をそれぞれ設けた。特に荷物室は、客室の荷棚に置けない大きな荷物を置くためのスペースとして、大変重宝した。

　なお、試作車は営業運転開始前に量産化改造と改番を受け、L1編成に改称された。

山形新幹線〈つばさ〉開業

　400系は1992年7月1日(水曜日)、山形新幹線〈つばさ〉でデビューした。「山形新幹線」というのは、奥羽本線福島—山形間の新幹線列車用路線愛称で、新幹線直行特急PR推進委が1990年7月31日(火曜日)に発表し、JR東日本に陳情したところ、快く受け入れた。「山形新幹線」は東京—山形間直通列車という意味でも通じる。

　また、1991年11月5日(火曜日)に奥羽本線福島—山形間の"標準軌区間"が開業し、719系5000番代がデビュー。山形新幹線開業に際し、普通列車は「山形線」という路線愛称が用いられることになった。

　山形新幹線の列車愛称は、JR東日本が公募したところ、1991年12月9日(月曜日)に〈つばさ〉を選出した。公募第9位ではあるものの、奥羽本線のエル特急として長く親しまれ、ス

JR在来線初の標準軌車両、719系5000番代。

ピード感があることが理由で選ばれた。

　べにばな国体の開催に間に合わせて開業した山形新幹線〈つばさ〉は、運転開始当初からトラブルが続発し、連日報道された。特に奥羽本線福島—山形間は、踏切の統廃合を進め、約90か所から約80か所に整理し、併せて踏切障害物検知装置を導入した。のちに交通量が比較的多い踏切では、視認性を大幅に向上させたものに取り換えている。

　営業運転開始後から度々発生していた冷房装置の不具合については、室外空気取り入れ口の大きさを小さくして、客室内の熱を放出する排気口の保守点検用鉄板の撤去も行ない、効き具合を改善した。

山形新幹線開業時に発生したトラブル

年月日	出来事
1992年 7月1日（水）	〈つばさ101号〉山形行きが奥羽本線の山形県米沢市内を走行中、突然急停車した。原因は台車の空気バネの空気タンク圧力不足。
7月2日（木）	〈つばさ114号〉東京行きが奥羽本線置賜—米沢間を走行中、西屋敷踏切でトラックの無謀な横断を見つけ、急停車。トラックは遮断機を壊し、そのまま逃走。翌朝、トラックの運転士が米沢署に出頭した。
	〈つばさ129号〉山形行きが奥羽本線の米沢市内を走行中、突然急停車した。原因は7月1日（水）と同じ台車の空気バネの空気タンク圧力不足。
7月3日（金）	福島で〈やまびこ138号〉東京行きの連結器カバーが開かず、〈つばさ138号〉東京行きの併合作業に手間取り、定刻より4分遅れて発車した。
7月4日（土）	〈やまびこ101号・つばさ101号〉仙台・山形行きが福島に到着した際、〈やまびこ101号〉仙台行きの連結器が収納できなくなってしまった。結局、このままの状態で運転することになり、定刻より3分遅れて福島を発車した。
	奥羽本線下り蔵王—山形間で、複数の運転士から揺れがひどいという報告を受けたため、約500メートルで「つき固め」という保線工事を急きょ実施した。

7月5日（日）	〈つばさ129号〉山形行きが奥羽本線高畠に停車しようとしたところ、運転士は入線する2番線の信号機は赤、入線しない1番線は青のため、急停車した。駅員が信号切り替えを誤操作したという。
7月7日（火）	〈つばさ122号〉東京行きの14号車自由席で冷却機が故障し、車内温度が40℃まで上昇した。当該車両の乗客に対し、特急料金の半額払い戻しを行なった。
	7月5日（日）と同じミス。
7月9日（木）	〈つばさ113号〉山形行きは奥羽本線山形市内を走行中、トラックが踏切内で立ち往生し、発光信号機が赤となったため、急停車した。
7月12日（日）	〈つばさ126号〉東京行きが奥羽本線の米沢市内を走行中、運転士は運転席の下で空気が漏れる音に気づき緊急停車した。運転士が調べたところ、連結器カバーを開閉するための空気がホースから漏れていた。応急措置後、運転を再開したが、福島で〈やまびこ126号〉東京行きと併合せず、全区間単独運転となった。
	奥羽本線米沢駅構内で、除雪車（回送）の入換作業に手間取り、〈つばさ139号〉山形行きが現場付近で止まったため、米沢到着が5分遅れた。
7月13日（月）	奥羽本線茂吉記念館前―かみのやま温泉間の旭町踏切で、発光信号機が点灯していたため、普通列車米沢行きが現場付近で止まった。安全確認後、運転再開したものの、この影響で〈つばさ112号〉東京行きも4分遅れた。
7月16日（木）	東北新幹線福島で〈つばさ115号〉山形行きの乗降用ドアが閉まったが、ブレーカーが落ちていたのが原因で戸閉表示灯が点灯せず、定刻より4分遅れで発車。後続の〈やまびこ115号〉仙台行きも3分遅れて発車した。
7月18日（土）	東北新幹線東京で、〈つばさ119号・やまびこ119号〉山形・仙台行きが発車しようとしたところ、ATCの車内信号機が点灯せず動けなくなった。その後、復旧により運転できたものの、東北新幹線のダイヤは大幅に乱れた。
7月23日（木）	〈つばさ113・125・122号〉の全車両で、車内温度が30℃以上となる空調不具合が発生。特急料金は半額払い戻しとなる。
	奥羽本線北赤湯信号所―蔵王間で送電がストップする事故が発生。〈つばさ129号〉山形行きと〈つばさ134号〉東京行きが立ち往生し、ダイヤが大幅に乱れた。
7月25日（土）	奥羽本線福島県福島市の萱場踏切で、発光信号機が点灯していたため、〈つばさ111号〉山形行きが現場付近で止まった。安全確認後、運転再開した。

7月26日（日）	奥羽本線山形県上山市の藤吾踏切で、発光信号機が点灯していたため、〈つばさ116号〉東京行きが現場付近で止まった。安全確認後、運転再開した。
7月27日（月）	〈つばさ135号〉山形行きの13号車自由席で、車内温度が約35℃以上となる空調不具合が発生。席を移動しなかった乗客のみ、特急料金は半額払い戻しとした。
8月1日（土）	奥羽本線米沢市内の泉屋敷踏切で、非常ボタンが押された。臨時〈つばさ198号〉上野行きの運転士が緊急停車し、現場で確認したところ、異常はなく約9分後に運転を再開した。この影響で〈つばさ137号〉山形行き、〈つばさ140号〉東京行きがそれぞれ3分遅れた。
8月15日（土）	奥羽本線米沢で、〈つばさ119号〉山形行きが発車しようとしたところ、信号が赤表示のままになった。手信号に切り替え、定刻より51分遅れで発車させた。
8月16日（日）	奥羽本線米沢で、信号が赤表示のままになり、手信号に切り替えた。この影響で、〈つばさ111号〉山形行きは、定刻より14分遅れで置賜を発車した。
8月22日（土）	臨時〈つばさ109号〉山形行きが奥羽本線大沢―関根間を走行中、動物らしきものと衝突し、緊急停車した。21時台という暗闇の中、車掌が現場を調べたが、車両に異常はなく、付近に跳ね飛ばした動物も確認できなかったことから、約15分後に運転を再開した。

　山形新幹線〈つばさ〉運転開始当初は、トラブルが続発していたが、福島の乗り換え解消や所要時間短縮（当時、東京―山形間の最速列車は、福島のみ停車で2時間27分）の効果が大きく、航空機からの転移も目立ち、エル特急〈つばさ〉時代に比べ、利用客が増加した。

400系7両編成化

号車	9	10	11	12	13	14	15
形式	411形	426形 200番代	425形	426形	429形	425形 200番代	422形
	Msc	M'	M'	M'	T	M	M'c
備考	グリーン車	普通車					

←東京 ／ 山形→

のちに併結相手の200系増結に伴い、11〜17号車に変更。また、山形新幹線は1999年12月4日（土曜日）に新庄まで延伸された。

➡ 41

JR東日本は400系の増結を決断し、1995年11月4日（土曜日）から12月20日（水曜日）にかけて順次7両編成化が実施された。増結車の429形は指定席車で、座席は座面もスライドするタイプとなり、坐り心地が向上した。

　なお、400系の増備は増結車が最後となった。山形新幹線開業後、編成単位での増備は1度も行なわれていない。

東北新幹線〈なすの〉運用で通勤客輸送開始

　1997年3月22日（土曜日）のダイヤ改正で、200系8両車は新在直通の第2弾、秋田新幹線〈こまち〉にも併結されることになり、併せて2両増結のうえ、輸送力増強を図ることになった。このため、400系は1月から3月にかけて、順次9〜15号車から11〜17号車に変更された。新幹線の17両編成は初めてだが、400系はミニ新幹線のため、長さについてはフル規格の16両編成より若干短い。

　400系は長らく"〈つばさ〉専用"としていたが、1998年12月8日（火曜日）のダイヤ改正から〈なすの〉運用に就き、併結相手とともに通勤時間帯の輸送力増強に貢献した。現在も山形新幹線電車は〈つばさ〉〈なすの〉で活躍している。

　また、1999年4月28日（水曜日）から一部列車の併結相手がオール2階建て新幹線2代目MaxのE4系に変わり、2001年9月21日（金曜日）に置き換えを完了した。

山形新幹線〈つばさ〉新庄延伸

E3系1000番代。写真は現存しないオリジナル車。

　JR東日本は1997年2月21日(金曜日)、奥羽本線(山形県内)標準軌区間の山形—新庄間延伸を決めた。改軌工事前から新庄市が新幹線列車の当地直通を熱望していたので、長年の悲願が実った形となる。建設費351億円(内訳:地上工事費285億円、車両製造費66億円)は、山形県観光開発公社(現・社団法人山形県観光物産協会)がJR東日本に無利子で貸しつけることを条件に話がまとまったのだ。

　1999年3月12日(金曜日)、奥羽本線山形—新庄間の標準軌化工事(複線の山形—羽前千歳間は標準軌と狭軌の単線並列、羽前千歳—漆山間は3線軌条化)が始まった。期間中はバス代行輸送でしのぎ、12月4日(土曜日)、山形新幹線〈つばさ〉及び普通列車用の路線愛称「山形線」は新庄まで延びた。

新庄延伸に伴い、輸送力増強用として8月にJR東日本保有のE3系1000番代が登場する。車体塗装の上半分はシルバーメタリック、中央にグリーンの帯を巻き、下半分は明るいグレーとした。11・16号車のロゴマークは、水鳥の翼をイメージしたものに変更され、各号車の乗降用ドア付近に山形県観光キャンペーンのシンボルマークを貼付した。一方、山形線用の車両も701系5500番代が投入された。

701系5500番代。

　400系も1999年11月から2001年10月にかけて、E3系1000番代に準じた塗装変更に加え、車内のリニューアルが行なわれた。内装は妻壁を木目調に変えて暖かみのある空間を作り、グリーン車はシートモケット、カーペットなどを更新して、重厚な雰囲気を醸し出した。普通車は、座席を座面もスライドするタイプに取り換えたほか、シートモケットも指定席車は赤、自由席車は緑にして、鮮やかな色調と相まって明るくなった。

第1章 — 新幹線車両編

塗装変更後の400系。

400系グリーン車の座席。

JR東日本400系

400系フォーエヴァー

　400系は2005年から2006年にかけて、東北新幹線の保安装置更新に伴うDS－ATC(「DS」はDigital communication & control for Shinkansen:新幹線用のデジタル式)搭載改造を実施した。試作車の登場から16年経過し、まだまだ活躍を続けるものと思われた。しかし、JR東日本は2007年7月3日(火曜日)に山形新幹線3代目車両投入を発表し、初代車両400系の置き換えが決まった。

　3代目車両はJR東日本保有のE3系2000番代となり、2008年10月に登場し、12月20日(土曜日)にデビュー。400系は翼を下ろし始めるかの如く、2009年1月1日(木曜日・元日)から廃車が始まった。

　E3系2000番代は増備が順調に進み、2010年4月18日(日曜

E3系2000番代は、2014年春から2016年秋まで塗装変更された。

終点東京に到着した〈つばさ18号〉。

日)の臨時〈つばさ18号〉東京行きをもって、400系は現役を引退すると共に、山形ジェイアール直行特急保有株式会社所有車両による運行もなくなった。

同日の臨時〈つばさ18号〉東京行きに充当され、最後まで残ったL3編成は、4月30日(金曜日)に廃車。20年の歴史に幕を閉じた。JR東日本の旅客営業用新幹線電車では、初めて引退した車両でもある。

当時、最古参の200系は、100系タイプの先頭車や2階建て車両がすでに消滅していたが、リニューアル車がしぶとく残っていた。

JR東日本E1系

6編成72両の少数で終わった初代Max

歴代の新幹線電車の中では、もっともボリューム感がある。

2012年の新幹線は、3車種が引退するという"歴史的な1年"だった。100系、300系は"世代交代"といえるが、E1系については、"はじき出された"感じの引退劇だった。この車両は、旅客用の新幹線電車では史上初となる"意外な記録"を持つ。

第1章 — 新幹線車両編

新幹線定期券FREXの布石は山陽新幹線

　E1系が登場するきっかけとなったのは、「新幹線通勤客の増加」だ。では、新幹線通勤はいつから始まったのだろうか。その歴史を紐解いてみよう。

　東海道・山陽新幹線は、開業当初から定期券の乗車を認めていなかった。当時は優等列車でも定期券の乗車を認めていないのだから、"セオリー通り"といえる。

　国鉄は1978年12月15日（金曜日）、山陽新幹線小倉—博多間に限り、定期券と新幹線自由席特急券の組み合わせ乗車を認めた。ルールは、みどりの窓口で定期券を呈示した場合のみ、当該区間の自由席特急券を購入できるというものだ。

　同区間が開業した1975年3月10日（月曜日）から定期券利用客が別に乗車券と新幹線自由席特急券を購入し、"近道"の如く、〈ひかり〉もしくは〈こだま〉に乗っていたのだろう。そこに国鉄は注目したのである。

　1979年4月20日（金曜日）から利用区間が東海道・山陽新幹線100キロ（営業キロ）までの2駅間に広げられた。例えば、東京—小田原間の場合、途中駅は新横浜のみ（当時）なので、当該エリアとなる。同時に定期券利用客専用の新幹線自由席特急回数券（10枚つづり1万円）を発売し、往路新幹線、復路在来線といった柔軟な利用ができるようになった。定期券については、表面上部の余白に新幹線利用区間を表示することで、改札係員にわかりやすくした。

　1980年10月1日（水曜日）からは山陽新幹線新大阪—姫路間が追加された。途中駅は新神戸、西明石で、100キロまでの3

JR東日本E1系

➡ 49

駅間に拡大する。当時、在来線の新快速は日中のみ運転のため、快速(京都―西明石間以外は「普通電車」として運転)だと時間がかかり過ぎていた。定期券で山陽新幹線が利用できるようになり、姫路市は「大阪市内への通勤圏」となる。山陽新幹線新大阪―姫路間の設定により、同年の定期券利用客は2500人に増え、新幹線通勤が定着しつつあった。

1981年4月20日(火曜日)、東海道・山陽新幹線は、すべて100キロまでの3駅間で、定期券と新幹線自由席特急回数券の組み合わせ利用が可能になり、新幹線は"特別なのりもの"から"気軽なのりもの"に変わってゆく。

1982年6月23日(水曜日)に東北新幹線、11月15日(月曜日)に上越新幹線がそれぞれ開業すると、定期券と新幹線自由席特急回数券の組み合わせ利用を認め、利用可能区間も東海道・山陽新幹線に倣い、100キロまでの3駅間とした。

当時、東北・上越新幹線は、東京―大宮間建設遅れの影響で、大宮発着となり、上野―大宮間は〈新幹線リレー〉に接続する体制をとっていた。ところが、この列車は定期券利用不可というルールがあり、新幹線通勤客の大宮以南は京浜東北線の始発電車か、東北本線の普通電車に乗らざるを得なかった。

新幹線定期券FREX誕生

その頃、国鉄は赤字の拡大により、運輸省から新たな増収策を迫られていた。小坂徳三郎運輸大臣は、みどりの窓口の営業時間が10時から17時までという短さに目をつけ、国鉄首脳に営業時間の延長を求めた(現在は朝から晩まで営業しているほか、指定

席券売機を設置した駅もある)。わずか7時間の営業で、新幹線自由席特急回数券を買うには、休日か昼休みなどでしか時間がとれないのだ。

国鉄は同年9月9日(木曜日)、新幹線定期券の検討を発表した。定期券と新幹線自由席特急券を1枚にまとめることで、気兼ねなく新幹線利用ができる。通勤だけではなく、社員の外回りや出張などにも使え、1日何度乗ってもOK、並行在来線も利用可能という、夢のような定期券である。

12月22日(水曜日)、国鉄は長谷川 峻 運輸大臣に新幹線定期券FREXの設定と運賃を申請し、承認。1983年1月31日(月曜日)から発売開始、2月1日(火曜日)から使用開始という段取りを決めた。

当初は通勤用のみだったが、1986年4月1日(火曜日)から、通学用の新幹線通学定期券FREXパルの発売を開始。のちに利用区間の拡大も行なわれ、バブル景気や東京都の地価高騰も重なり、郊外に持ち家を買って東京で働く人たちが大幅に増加した。1986年度のFREX利用客は、東海道・東北・上越新幹線合計約27400人に達しており、新幹線で通勤する"静岡都民"や"栃木都民"などが当たり前の姿となった。

そんな中、東北・上越新幹線では、自由席の混雑が増し、坐れない乗客から苦情が相次ぐ。1989年4月から所得税制が改正され、新幹線通勤費が非課税となったばかりではなく、一部の大企業は補助制度を新設したことで、新幹線通勤客がさらに増えたのだ。

JR東日本は1990年1月上旬、新型新幹線電車の構想を発表。自由席をオール3人掛け、2階建て車両を検討し、早ければ1991年に投入する予定をたてた。

オール2階建て新幹線Max登場

「新幹線の巨人」というにふさわしい、大柄なボディー。(撮影:裏辺研究所)

　1994年2月、ついに通勤・通学の切札となるE1系が登場。当初は「600系」と名づける予定だったが、1993年度からJR他社との重複を避けるため、車両形式名に「E」をつけることになり、「E1系」に変更した。

　最大の特徴は、オール2階建て車両だ。JR東日本では、1992年3月にほぼ同じタイプの215系を登場させているが、先頭車(1・10号車)は2階席から下の部分に機器を集中搭載させていた。厳密には1階席がないので、「オール」とは言い難い。

　E1系は主要機器を車端部の床上に配置させることで、オール2階建て車両を可能にした。当初は200系と同じサイリスタ連続位相制御と発電ブレーキを採用する構想を持っていたが、環境と経済性に優れたVVVFインバータ制御と回生ブレーキつ

きに変更し、主回路機器の数を減らした。この変更により、新幹線電車初のMT同数比(E1系は12両編成なので6M6T)となった。

　JR東日本はE1系落成当初、一部車両の車体側面に「DDS E1」のロゴを貼付した。「DDS」というのは、「Double Decker Shinkansen」の略だ。ところが、営業運転開始前に「Multi Amenity Express」の略称、「Max」に変更。この名称は、小泉今日子のCMで大々的に宣伝され、すぐに親しまれる存在となった。

　車体は剛性確保を重視した鋼製となり、1両あたりの最大重量が62.0トン(1両平均57.7トン)、最高速度は東北・上越新幹線の標準である240km/hだ。

　1995年、最高速度275km/hのE2系、E3系が登場し、"E1系は大量増備されない"という予感をにおわせた。

ハイクオリティ・アメニティ

　客室は200系よりハイグレード感を出しているのが特徴だ。デッキと客室のあいだは、8・9号車の一部(2階席に車椅子スペースを設けたため)を除き螺旋とした。JR東日本の在来線2階建てグリーン車と同様、定員を確保するのが目的だ。在来線2階建てグリーン車の場合、車両規格の関係で、螺旋階段が1人分しか通れない窮屈な難点がある。E1系ではゆるやかな形状にして、2人分が片側1列通行できるようにした。

　座席について、ひじかけは極力モケット張りにすることで高級感を演出した。普通車のリクライニングシートは、1階席と平屋席(4・5号車)は赤、2階席は緑という明るい色調。グリーン

登場時の普通車リクライニングシート。

登場時のグリーン車。

車(すべて2階)は、家具のソファーを意識し、紺系統という落ち着いた色調だ。室内灯も照明の配置に工夫をこらし、特にグリーン車は、列車の中であることを感じさせない。

1～4号車自由席は、2階部分のみデッキ寄り片側を除き、すべて3人掛け回転式クロスシートにした。意外なことに、新幹線電車で回転式クロスシートを採用するのは初めて。リクライニングしない、窓側席と中央席にひじかけがない、通路幅が狭いという難点はあったが、空席が多い場合は、3人掛け中央席の背もたれに埋め込み式のひじかけを設け、2人掛けとして過ごせる"ゆとり"を設けた。

2～4号車の盛岡・新潟寄りデッキには、2人分のジャンプシート(補助席)を設けた。座席を離れると自動的に収納する。

座席数確保を重視したE1系は、200系12両編成に比べ、座席定員が約4割増加(1235人)した。また、折り返し列車の車内整備、点検に時間がかからないよう、リクライニングシートは電動回転式とした(乗客は手動で転換する)。

➡ 54

第1章 — 新幹線車両編

　蛇足ながら、E1系設計当初、普通車は1階自由席、2階指定席という案があった。

新幹線初、女性専用の設備を設ける

　E1系で画期的だったのは、オール2階建てだけではない。

　車体塗装は、従来の新幹線電車にこだわらず、上部スカイグレー、下部シルバーグレーをベースに、ピーコックグリーンの帯を入れた。明るい未来と東北・上越地方の豊かな自然を表現している。

　乗降用ドアは定員増による遅延防止策として、200系の700ミリから1050ミリに広げた。この広さなら2列乗降が可能だ。

　車内の付帯設備として、以下の3つを採用した。

○**女性用トイレ**

　　E1系の大便器用トイレは、すべて洋式とした。200系と同様、1両つき2か所設けている。このうち1か所を新幹線電車初の女性用とした。トイレは1・4・5・8・9・12号車にあり、すべて付随車なのが特徴だ。

　　なお、女性用トイレと共用トイレとの違いは、ほとんどない。

○**女性用多目的室**

　　9号車に1か所設けた。洗面台、大型の鏡(洗面台とその後ろ)、ベビーベッド、折りたたみ椅子がある。化粧、おむつ替え、授乳、着替えなどができる。

JR東日本E1系

○自動販売機

　8号車に売店を設け、それを補助する目的で2・6・10号車に自動販売機を設けた。新幹線電車で自動販売機が設置されるのは初めてである。

　E1系の自動販売機は、飲料、おつまみが中心で、2・6号車には弁当も売っていた。ただし、自動販売機の売り上げは伸び悩み、のちに撤去された。

E1系デビューからわずか3年で、2代目MaxのE4系が登場

3色LED式のデジタル方向幕。

　E1系は1994年7月15日（金曜日）にデビュー。ラッシュ時は、"近距離運転"の〈Maxあおば〉〈Maxとき〉で通勤・通学客をさばき、日中は"遠距離運転"の〈Maxやまびこ〉〈Maxあさひ〉で行楽客や出張ビジネスマンを乗せ、大活躍した。特に2階指定席は、人気のマトで満員御礼になることが多かった。

　ところがE1系に難点があった。12両固定編成のため、在来線直通の〈つばさ〉に併結できないことや、列車によっては乗客が2階席に集中するため、1階席の乗車率が低いことがあった。

　車内販売もワゴンサービスが困難な状況で、カゴやビニールバックを使っていた。販売員にとって、カゴを持つ、ビニールバックを片方の肩にかけるというのは、重労働で、ベテランで

第1章 — 新幹線車両編

E4系の一部は、北陸新幹線高崎―軽井沢間にも乗り入れられる。

も体力の消耗が早く、疲れやすい。

　E1系はわずか6編成72両で増備が打ち切られてしまい、1997年10月、2代目MaxのE4系が登場した。8両編成ながら、分割併合ができる柔軟さが特徴だ。アルミ車体でも剛性確保が可能になり、軽量化できたほか、車内販売用の昇降用リフト（一部の車両は車椅子兼用）を設け、ワゴンサービスが可能になる。

　E4系の増備に伴い、1999年12月4日（土曜日）のダイヤ改正で、E1系は東北新幹線大宮以北から撤退し、上越新幹線専任となった。以後、200系、E4系もE1系と同じ道をたどる。

リニューアル車が登場

　E1系の登場から9年たった2003年10月、客室内装の劣化が目立ったため、リニューアル工事を実施した。新幹線電車というのは、15～20年で廃車されることが多いため、E1系に

リニューアル車は、個性、特化からスタンダードを重視した。

とっては"寿命の折り返し地点"に入っていたと言える。

客室は座席をE2系グリーン車、E4系普通車と同じものに取り換え、塗装もJR東日本標準の飛雲(ひうん)ホワイト(車体上部)、紫苑(しおん)ブルー(車体下部)を基本に、朱鷺色(ときいろ)のピンク帯を入れた。車体側面の「Max」のロゴも色調が変わり、「ax」の上にピンク色のトキが舞った。

普通車は照明の変更で車内が明るくなったほか、2階自由席は中央席の埋め込みひじかけがなくなった。デッキの手すりは

リニューアル時の普通車リクライニングシート。

リニューアル時のグリーン車。

→ 58

第1章 — 新幹線車両編

黄色に変更して、目立ちやすくした。乗降用ドアの化粧板も、普通車のみは黄色、グリーン車と普通車の合造車はピンクに変更した。

リニューアル車は、個性よりも"スタンダード"を重視したといえる。

2005年度にリニューアル工事を終え、上越新幹線で黙々と活躍していたが、寿命が近づいてきた。

「Max」のロゴもリニューアル。

リニューアル時の普通車回転式クロスシート。

E1系フォーエヴァー

2011年3月5日(土曜日)、東北新幹線E5系最速列車〈はやぶさ〉がデビューした。最高速度300km/h運転、将来は320km/h運転を行なう構想をたてていた(2013年3月16日のダイヤ改正で〈はやぶさ〉の一部で実施され、現在は全列車に拡大)。JR東日本は将来の東北新幹線列車をすべてE5系に統一させる方針をたて、E2系、E4系を上越新幹線にまわすのが目に見えていた。

2012年3月17日(土曜日)のダイヤ改正で、E4系に置き換えられる形でE1系の離脱が始まり、わずか半年後の9月28日(金

曜日)で定期運行を終えたあと、10月28日(日曜日)の団体臨時列車〈さよならE1 Maxとき号〉をもって、18年の歴史に幕を閉じた。

　それだけではない。E1系は4月2日(月曜日)から12月7日(金曜日)までに全車が廃車された。旅客用の新幹線電車では史上初めて、同一車種が"全車同年廃車"となったのだ。わずか72両しか存在していない少数車両ゆえ、不運かつ悲運の記録が刻まれたのである。

JR東日本E1系年表

年月日	出来事
1994年2月	E1系登場。
7月15日(金)	〈Maxやまびこ〉〈Maxあおば〉〈Maxあさひ〉〈Maxとき〉でデビュー。
1995年12月1日(金)	〈Maxなすの〉運転開始。
1997年9月30日(火)	〈Maxあおば〉〈Maxとき〉運転終了。
10月1日(水)	〈Maxたにがわ〉運転開始。
12月20日(土)	E4系デビュー。
1999年12月4日(土)	東北新幹線大宮以北から撤退し、上越新幹線専用車となる。
2002年11月30日(土)	〈Maxあさひ〉運転終了。
12月1日(日)	〈Maxとき〉復活。
2003年10月	リニューアル工事を開始し、2005年度に完了する。
2012年4月2日(月)	廃車が始まる。
9月28日(金)	定期運転終了。
10月28日(日)	団体臨時列車〈さよならE1 Maxとき号〉新潟行きをもって、18年の歴史に幕を閉じる。
12月7日(金)	全車廃車される。
2018年3月14日(水)	E1系先頭車、E153-104が鉄道博物館の展示を開始。

鉄道博物館に展示されたE1系と400系

　2018年に入り、E1系と400系の先頭車各1両が相次いで鉄道博物館(埼玉県さいたま市大宮区)に展示された。

　まず、E1系は普通車のE153－104が、3月14日(水曜日)から本館南側の屋外へ。車両の空調が使用できないこともあってか、車内は原則非公開である。

　一方、400系はグリーン車の411－3が、7月5日(木曜日)オープンの新館へ。E5系モックアップと肩を並べる。

　客室は常時見学可能で、カーテン、リクライニングシートのテーブル、回転機構といった、付帯設備の一部を撤去した状態に整備された。

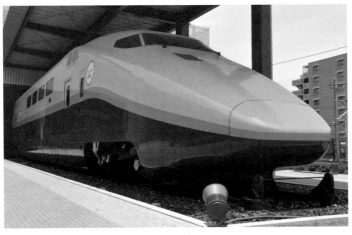

E1系は引退時の状態で展示。

400系はエクステリアを原色に復元。

第2章―JR特急車両編

JR四国キハ185系

JR東日本253系

JR東日本E351系

JR西日本283系

JR北海道キハ285系

JR四国キハ185系

全盛期が短かった特急形気動車

国鉄復刻色で運転された臨時特急〈やくおうじ〉日和佐行き。後方の4両は特急〈うずしお7号〉徳島行き。(撮影:裏辺研究所)

キハ185系は、国鉄四国総局エリアで老朽化が進んでいた急行形気動車を置き換えるために投入された車両で、「分割民営化後は"JR四国のエース"として長く君臨する」と多くの人が思っていただろう。しかし、新風を吹かせたキハ185系の天下は長く続かなかった。

第2章 — JR特急車両編

非電化王国だった国鉄四国総局エリア

　国鉄分割民営化直前まで、四国総局エリアには電化区間がなかった。蒸気機関車が姿を消してからは、"ディーゼル王国"となっており、その主役は急行だった。

　四国総局エリアの特急は、1972年3月15日(水曜日)に特急〈しおかぜ〉〈南風〉が登場するものの、"高嶺の花"の如く運転本数が少なく、急行〈うわじま〉〈土佐〉などが大活躍し、四国の大動脈を担う存在だった。

　1986年4月6日(日曜日)、高松駅構内で電化工事の起工式が行なわれた。予讃本線(現・予讃線)高松―観音寺間、土讃本線(現・土讃線)多度津―琴平間を直流電化し、瀬戸大橋の開業に備えたのだ。これが四国総局新時代の幕開けといえる。ほどなくして、四国に待望の新型車両が投入されることになった。それがキハ185系だ。

軽量ステンレス車体の特急形気動車

　キハ185系は1986年8月に登場した。前面は"同期"のキハ183系500番代とよく似ているが、絵入りヘッドマークの脇にヘッドライト、その下のタイフォンカバーはそれぞれ省略され、車体構造も異なる。エメラルドグリーンの帯は、エル特急〈新特急なすの〉などで活躍していた185系200番代特急形電車を参考にした印象がある。

　最大の特徴は、国鉄特急形車両では最初で最後となる軽量ス

➡ 65

キハ183系500番代。

テンレス車体の採用だ。車体塗装を省略できるので、費用削減のメリットがある。台車はキハ183系500番代と同じボルスタレス式で、車両重量の軽量化にも貢献している。

"簡易展望席"からの眺め。

四国特急の先輩キハ181系は、先頭のキハ181形の床上に機器室を設けていたが、キハ185系では省略したので定員が増えたばかりではなく、進行方向右側最前列のみ"簡易展望席"となった。ただし、各形式とも普通列車の運用を想定し、乗降用ドアを片側2か所設けたので、立客発生時などでは前面展望が遮られる難点がある。

　乗務員室の運転台は半室片隅式構造で、デッキと乗務員室中央から右側の部分にかけては、仕切り壁がない(キハ183系500番

代の乗降用ドアは1か所のため、乗務員室と客室の仕切りはない)。ちなみに、乗務員室用ドアの位置は、左右異なる(キハ183系500番代も同様)。

乗降用ドアはキハ181系と同じ2枚折戸で、キハ181系の700ミリから850ミリに広げ、乗り降りが楽になった。

"守り"から"攻め"のデザイン

キハ185系は2・3両編成の運転を想定し、先頭車のキハ185形0番代(トイレ、洗面所つき)と1000番代(トイレ、洗面所なし。加えて車体側面の方向幕もない)、中間車のキロハ186形(トイレ、洗面所なし)の3形式のみ新製された。中間車が184形ではなく、186形としているのは、北海道総局のキハ183系にキハ184形(長大編成の予備電源用機関を備える中間車)が存在していたためである。

客室はキハ181系に比べ、大幅なグレードアップを図った。国鉄の概念を打ち破る斬新なデザインで、"国鉄が新しくなった"といえる。"「衝撃」と「斬新」がなければ、お客様を呼ぶことができない"という危機感が強かったのだろう。

キハ185形の普通車は、2階建て新幹線100系で好評を博した背面テーブルつきリクライニングシートを採用(キハ181系は回転式クロスシートで、のちにリク

普通車のリクライニングシート。

ライニングシートに取り換えられた)。シートピッチもキハ181系より30ミリ広い940ミリで、居住性が大幅に向上した。シートモケットも淡いオレンジに、黒、濃いオレンジ、茶色のストライプを入れる斬新なデザインで、キハ183系500番代や50系5000番代(快速〈海峡〉用客車)にも採り入れられた。

キロハ186形の普通車は「ふれあいシート」と称し、新幹線0系の転換クロスシートを整備したうえで転用した。シートピッチを1020ミリに広げ、座席と座席のあいだにテーブルを設置した。転換クロスシートを向かい合せにすれば、グループ旅行にはうってつけだったが、のちにリクライニングシートに取り換えられた。

グリーン車は、グリーンのシートモケット、テーブルはひじかけ外側の小型に加え、座席背面の大型も採用した。シートピッチ1160ミリと、ゴージャスな内装で格差をつけていた。なお、キロハ186形は普通車、グリーン車とも、側窓1枚につき座席1脚とした(キハ185形は、側窓1枚につき座席2脚)。

キハ185系のグリーン車が半室構造となったのは、特急〈しおかぜ〉〈南風〉の利用状況を重視したからである。のちに国鉄の分割民営化に伴い、四国総局からJR四国に変わると、キハ181系のグリーン車も半室化改造を受けた。

冷房装置は第3軌条地下鉄車両の薄型セミ集中式に見えるが、自車の走行用エンジンを動力源とするバスタイプを採用した。客室には、各座席の側窓と荷棚のあいだにスポット冷房吹き出し口を設置し、乗客が風量と風向きを調整できる。冷房装置の前後にある電動換気扇もバスタイプだ。

最高速度はキハ181系の120km/hに対し、キハ185系は110km/h。当時、四国総局エリア内の最高速度は95km/hに抑

第2章 — JR特急車両編

えられていたことや、エンジン出力の有効活用が理由である。

ディーゼルエンジンは、「DMF13HS」という直接噴射式エンジンで、250PS(「PS」というのは馬力という意味)をキハ185形は2台、キロハ186形は1台とした。編成の加速性能がキハ181系なみを確保できること、コストダウンなどが理由である。また、ディーゼルエンジン1台あたり、燃費が15%削減できる。

このほか、在来線特急形車両(客車を除く)のシンボルだった前面の特急マーク、側面のJNRマークは、それぞれ省略した。

キハ185系は、ダイヤ改正直前まで38両が高松運転所に配属された。

JR四国のエースへ

キハ185系は同年11月1日(土曜日)のダイヤ改正でデビューし、エル特急(現・特急)〈しおかぜ〉、特急〈南風〉の増発用にあてた(いずれも急行の特急格上げによるもの)。特にエル特急〈しおかぜ〉は、4往復から13往復に増発され、国鉄では珍しい"気動車エル特急"となった(2010年3月11日〔土曜日〕のダイヤ改正で、JR四国のエル特急は、すべて「特急」に統一)。

キハ185系使用列車の列車番号は、エル特急〈しおかぜ〉1000番台、特急〈南風〉2000番台に設定し、新型車両をさりげなくアピール。『交通公社の時刻表』(日本交通公社刊)のピンクページに掲載されている特急列車編成表をめくると、四国の半室グリーン車は、エル特急〈しおかぜ〉、特急〈南風〉のみなので、鉄道に興味や関心がない方でも「新型車両」と判断できただろう。

⇒ 69

分割民営化直前の1987年3月23日(月曜日)、先述した四国総局エリアの一部が直流電化開業されると同時に、エル特急〈しおかぜ〉の最高速度を95km/hから110km/hに引き上げ、一部列車の所要時間を短縮させた。

　1週間後の4月1日(水曜日)、国鉄分割民営化で、四国総局はJR四国になり、車両塗装のコーポレートカラー化を進めてゆく。キハ185系については、9月から帯をエメラルドグリーンからライトブルーに変更し、"一本列島"が完成する1988年4月10日(日曜日)までに完了した。

　同日、瀬戸大橋及び本四備讃線児島―宇多津間開業で、エル特急〈しおかぜ〉及び、エル特急(現・特急)の仲間入りを果たした〈南風〉は、高松発着から岡山発着に変わり、山陽新幹線接続列車という"重責"を担う。"もはや国鉄ではない"と言うかの如く、絵入りヘッドマークも一新。列車番号も変わり、キハ

多客期の特急〈いしづち〉は一部列車に限り、高松―多度津間の運転に短縮。特急〈しおかぜ〉との併結運転は行なわれない。

第2章 — JR特急車両編

JR四国キハ185系

特急〈しまんと〉はすべて2000系の運転だが、一部列車の短縮運転（高松—多度津間）に限り、キハ185系が充当される。

181系の半室グリーン車化改造も重なったので、シロート目にはどの車両で運転されているのか見分けがつかなくなった。

エル特急〈しおかぜ〉〈南風〉の"人事異動"により、"昔ながら"の高松発着特急は、エル特急(現・特急)〈いしづち〉〈しまんと〉に衣替え。同時に高徳本線(現・高徳線)の高速化工事完成により、急行〈阿波〉の大半をエル特急(現・特急)〈うずしお〉に置き換えられ、高松—徳島間の所要時間は約1時間30分から約1時間10分となった。

エル特急〈うずしお〉は、全列車キハ185系を充当し、JRグループの特急では初めて2両編成(すべて自由席)を基本とした。ちなみに〈うずしお〉は、国鉄時代に大阪—宇野間の特急として活躍していた実績があり、1972年3月15日(水曜日)のダイヤ改正で姿を消して以来、16年ぶりに復活した。

キハ185系は1988年4月と12月にキハ185形0番代8両、

特急〈うずしお〉の一部列車は、キハ185系で運転。

キハ185形1000番代6両を増備。保有数はキハ181系の44両を上回り、JR四国のエースとして君臨。増備は同年で終了した。

2000系TSE登場

　1989年2月、早くもキハ185系の後継車となる世界初の振子気動車、2000系試作車3両が登場した。高速道路の延伸に対抗するため、世界初の制御つき自然振子装置を導入し、ディーゼルエンジンと最高速度もそれぞれ向上させ、スピードアップを図るためだ。

　JR四国は2000系試作車を「Trans-Shikoku Experimental」の略称、「TSE」と名づけ、3月11日(土曜日)のダイヤ改正で、

第2章 — JR特急車両編

2000系試作車TSEは、2018年7月3日(火曜日)の『さよならTSE』カウントダウン乗車ツアー第3弾をもって引退。

臨時エル特急〈南風51・52号〉〈しまんと51・52号〉として営業運転を開始した。

　2000系は大きな故障や問題もなく、利用客からも好評を得たので、1990年7月から11月にかけて量産車31両を投入。7月30日(月曜日)からエル特急〈南風〉〈しまんと〉で、営業運転を始めた。また、土佐くろしお鉄道も2000系を4両保有し、特急列車では国内初の相互直通運転に備えた。

　11月21日(水曜日)のダイヤ改正で、エル特急〈南風〉の岡山—高知間は最速2時間53分から2時間20分、エル特急〈しおかぜ〉の岡山—松山間は最速2時間53分から2時間30分にそれぞれスピードアップされ、JR四国のエースは2000系に交代する恰好となった。

　2000系量産車の投入により、キハ185系はエル特急〈しお

➡ 73

2000系量産車。先頭車は試作車と同様に、貫通形と非貫通形の2種類を用意。
（撮影：裏辺研究所）

土佐くろしお鉄道も2000系を4両保有。

かぜ〉、キハ181系はエル特急〈南風〉からそれぞれ撤退。代わりに、急行〈うわじま〉〈あしずり〉の特急格上げにより、エル特急(現・特急)〈宇和海〉〈あしずり〉の運用に就いた(エル特急〈あしずり〉はキハ181系のみ)。併せて特急の絵入りヘッドマークも再び一新され、シンプルな図柄に変わった。

20両がJR九州へ

　2000系は1991年に20両、1992年に6両を増備し、小計70両、土佐くろしお鉄道所属車を含めると合計74両となった。キハ181系、キハ185系は"追われる身"となり、JR四国は1991年3月31日(日曜日)にキハ180形2両を廃車した。

　11月21日(木曜日)のダイヤ改正で、キハ185系はエル特急〈南風〉運用を退き、2000系に統一。登場からわずか5年で余

JR九州へ移籍したキハ185系。

剰車が発生し、1992年2月12日(水曜日)にキハ185系20両(キハ185形0番代11両、キハ185形1000番代5両、キロハ186形4両) をJR九州に売却し、新天地へ旅立った。

JR九州はキハ185系を急行〈火の山〉〈由布〉の特急格上げ用として改造の末、7月15日(水曜日)から特急〈あそ〉〈ゆふ〉として再スタートを切った。詳細については割愛する。

予讃線の直流電化完成と8000系の活躍

同年5月に予讃線特急電車用の8000系試作車3両が登場し、8月15日(土曜日)にデビュー。1993年1月から3月にかけて量産車41両が急ピッチで投入された。

予讃線特急用の8000系。先頭車は貫通形と非貫通形の2種類。

第2章 — JR特急車両編

　予讃線の直流電化計画は順調に進み、1993年3月18日(木曜日)のダイヤ改正で、予讃線新居浜―今治間を電化開業。これにより、高松―伊予市間の直流電化が完成したのである。併せてJR四国のエースは2000系と8000系の"ツートップ体制"となり、振子車両によるスピードアップをアピールした。

　この電化開業により、エル特急〈しおかぜ〉〈いしづち〉の大半は8000系になった。伊予市―宇和島間は非電化という関係で、一部列車は2000系が充当し、電車と気動車の"二刀流"して、2016年3月26日(土曜日)のダイヤ改正まで続いた。

　エル特急〈宇和海〉〈しまんと〉〈あしずり〉は、2000系に統一。キハ181系は定期運用から退き、1993年3月31日(水曜日)で32両が廃車、10両が残った。

　残存したキハ181系は、徳島県で東四国国体秋季大会、全国身体障害者スポーツ大会が相次いで開催したことに伴い、10

キハ181系。(写真はJR西日本所属車)

➡ 77

月21日(木曜日)から11月9日(火曜日)まで、エル特急〈うずしお7・13・12・18号〉に充当し、キハ185系の代走及び座席定員を確保した。これが最後の活躍となり、11月30日(火曜日)で廃車。四国運用は21年でピリオドを打った。

徳島線と予土線に進出

　JR四国はキハ185系を徳島線に進出させ、9両を対象に車体帯の変更とシートモケットの更新を行ない、1996年3月16日(土曜日)に特急〈剣山(つるぎさん)〉の運転を開始。急行〈よしの川〉の一部を置き換えた。徳島線は国道192号線と並行してはいるものの、さいわい高速道路はないので、キハ185系にとってはのびのび走れる。

　その後、キハ185系は予土線に進出し、1997年7月28日(月

キハ185系の四国特急は、徳島の地が水に合うようだ。(撮影：裏辺研究所)

第2章 ─ JR特急車両編

JR四国キハ185系

臨時特急〈I LOVE しまんと〉。(撮影：RGG)

曜日)から、沿線の名物車窓と言える清流四万十川の観光列車として、高知─宇和島─松山間に臨時特急〈I LOVE しまんと〉の運転を開始。車両の前面にはニホンカワウソの顔、側面には四万十川を泳ぐアマゴ、空を飛ぶトンボなどが描かれたラッピングをそれぞれ貼付された。

車内も客室の天井に青空とトンボ、デッキの床に四万十川を泳ぐアユを描いたシールを貼付し、四万十川ブームを盛り上げた。

1998・1999年も夏季に運転され好評を博したが、臨時特急〈I LOVE しまんと〉は3シーズンで幕を下ろす。

予土線のキハ185系は、1997年7月28日(月曜日)から1か月余りのあいだ、臨時〈清流しまんと51・52号〉が運転され、キハ185-20とトロッコ車のキクハ32形500番代が相棒を組む。また、トロッコ車の塗装に合わせ、キハ185-20も国鉄色に戻す。

その後、キクハ32形500番代は、2003年10月に〈瀬戸大

➡ 79

トロッコ乗車区間外は、キハ185系で過ごす。(撮影:裏辺研究所)

橋トロッコ〉用として1両増備され、相棒にキハ185-26を抜擢し、車体帯も同様の措置をとる。

明石海峡大橋の開業でキハ185系に打撃

　振子気動車の波は高徳線にも及ぶ。1998年3月14日(土曜日)のダイヤ改正で、4月5日(日曜日)開業の明石海峡大橋に対抗するため、エル特急〈うずしお〉の一部にN2000系を投入。再高速化工事の一部完成により、JR四国初の130km/h運転を実施した。

　これにより、キハ185系はエル特急〈うずしお〉運用の離脱が始まり、1往復だけ残っていた急行〈よしの川〉の充当が開始された。専用のヘッドマークが掲出されており、「特急〈よしの川〉」という雰囲気があった。

JR四国は明石海峡大橋に脅威を覚えつつ、大阪駅などからの高速バスで徳島県への観光客が増加するとにらみ、4月5日(日曜日)から臨時特急〈あい〉を徳島—阿波池田間で運転した。列車愛称の〈あい〉は、徳島県名産の「藍」と「愛」にちなむ

N2000系の帯は、徳島県の阿波踊りの「赤」と藍染の「青」を巻く。

臨時特急〈あい〉。(撮影:RGG)

もので、車両の前面には金長タヌキの顔、側面には阿波おどりのシルエットが描かれたラッピングを貼付した。車内も客室の天井に吉野川を泳ぐ魚や草木、トンボなどが空から見下ろした徳島県の景色、デッキの床に渦潮を描いたシールをそれぞれ貼付し、徳島県のイイところをアピールした。

1999年3月13日(土曜日)のダイヤ改正で、徳島線優等列車の臨時特急〈あい〉、急行〈よしの川〉は、特急〈剣山〉に統一し、JR四国から急行が消えた。急行〈よしの川〉最終運転となった3月12日(金曜日)は、キハ58系とキハ65系で締めくくり、準急時代を含め36年の歴史に幕を閉じた。

このダイヤ改正で、エル特急〈うずしお〉は15往復中14往復を2000系、N2000系として高速化をさらに図るとともに、牟岐線の直通運転を取りやめ。そして、キハ185系の牟岐線専用特急として、特急〈むろと〉が登場した。特急〈剣山〉の一部も牟岐線に直通し、徳島県を半周したが、現在は徳島―阿波池田間の運転に統一されている。

キハ185系の一般形車両が登場

最高速度110km/hでも"鈍足"のキハ185系は、同年に10両が多度津工場で改造工事を受けた。

第1陣は、7月にキハ185形1000番代8両を種車としたキハ185系3100番代で、一般形化改造を受けた。キハ58系、キハ65形一般形化改造車の置き換えが目的である。

改造箇所は特殊両線ジャンパ連結装置、放送回路、機関予熱回路をそれぞれ新設、ヘッドマークの行先表示器化、リクライ

ニングシートの回転クロスシート化(リクライニングできない)と背面テーブルの撤去、車体塗色の変更などである。客室とデッキの仕切りは残り、そのドアは自動で開閉できる。

一部は、"「快適鈍行」という名のおトク車両"に転身。

改造に際し、リクライニングシートは、回転式クロスシート化された。

2000年6月には、キハ185形0番代2両を種車としたキハ185系3000番代が登場したが、わずか6年で特急形に再改造され、座席を別のリクライニングシートに取り換えた。
　一般形化改造により、既存の一般形気動車(キハ47形など)との連結はできるが、キハ185系特急車との連結はできなくなった。
　キハ185系3000・3100番代は、ボックスシートにセットした状態で、予讃線松山—宇和島間、内子線の各駅停車運用に就く。乗客の一部はボックスシートに不満を持つようで、ペダルで座席を進行方向に回転して坐っている。また、半自動ドア非対応のため、駅に長時間停車している際は、乗降用ドアを手で開閉することができず、隣の車両(キハ47形など)で乗り降りしなければならない欠点がある。

JR四国のキハ185系は、"ユーティリティープレーヤー"といえる。(撮影:裏辺研究所)

➡ 84

第2陣は、1999年8月にキロハ186形2両を種車としたジョイフルトレイン『アイランドエクスプレス四国Ⅱ』が登場。形式をキロ186形に改め、国鉄末期に50系客車を改造した『アイランドエクスプレス四国』を置き換えた。

改造箇所は車掌室を荷物室に変更、普通車とグリーン車の仕切り撤去、リクライニングシートの取り換え（定員30人。向きを自由に変えることができる）、床敷物の張り替え、通路や化粧板の変更、カラオケ装置の新設である。車体側面もラッピングが施された。

キロ186形2両の前後には、改造を受けていないキハ185形が連結されている。

ゆうゆうアンパンマンカー

ゆうゆうアンパンマンカー。

2000年10月14日(土曜日・鉄道の日)、エル特急〈南風〉用2000系の一部にフルラッピングを施した「アンパンマン列車」がスタートしたところ、狙い通り利用客減少に歯止めをかけることができた。そして、2001年10月1日(月曜日)からエル特急〈しおかぜ〉〈宇和海〉にも「アンパンマン列車」を走らせた。高知県出身の偉大な漫画家、やなせたかしが描いた『それいけ！　アンパンマン』(日本テレビ系列で放送)のキャラクターは、JR四国にとって“なくてはならない絶対的な存在”となる。

　“アンパンマン旋風”はキハ185系にも及び、2002年10月6日(日曜日)からエル特急〈うずしお〉、特急〈剣山〉の一部列車に、「ゆうゆうアンパンマンカー」の連結を開始した(土休中心)。2000系「アンパンマン列車」と異なるのは、キハ185系のキロハ186－2を改造したこと。車体側面にフルラッピングを施したほか、普通車をプレイルームに改装した。

　グリーン車については、普通車指定席に設定し、プレイルームが利用できる権利もつけた(ほかの車両に乗車した場合、プレイルームを利用することができない)。内装も幼児向きにして、楽しさあふれる空間を演出している。このほか、ベビーカー置き場の設置、車掌室をおむつ替えや授乳できる部屋に変更し、親子にやさしい環境を作り上げた。2007年と2017年にはリニューアルが行なわれ、パワーアップした。

“キロ185系”のジョイフルトレイン登場

　キハ185系は地味な車両ながら、腐食防止に優れた軽量ステンレス車体が幸いし、近年は4両がジョイフルトレイン化改造

第2章 — JR特急車両編

JR四国キハ185系

先頭車初のグリーン車。(撮影:裏辺研究所)

を受けている。

　まず、臨時〈瀬戸大橋アンパンマントロッコ〉用として、キハ185－26が「海・海辺」をイメージしたインテリア、ソファータイプのボックスシートにリニューアルされ、キロ185－26として、2015年3月21日(土曜日・春分の日)から営業運転を開始した。

　次に臨時特急〈四国まんなか千年ものがたり〉用として、3両とも大掛かりなグリーン車化改造を受け、和を強調する贅沢な空間を創り出した。2017年4月1日(土曜日)から営業運転を開始した。

　また、改造車ではないが、9月23日(土曜日)から、臨時のトロッコ列車〈志国高知　幕末維新号〉の営業運転を開始。エクステリアは、幕末維新を彩った歴史群像、昇りゆく太陽をコンセプトとしている。こちらは普通車指定席なので、指定席券を購入すれば、青春18きっぷでも乗車できる。

➡ 87

臨時特急〈四国まんなか千年ものがたり〉は、多度津―大歩危間1往復運転。(撮影:松沼猛)

臨時〈志国高知 幕末維新号〉は、高知―窪川間1往復運転。隣のトロッコ車はキクハ32形。(撮影:桑嶋直幹)

このふたつは、土讃線活性化の切札として、期待される。

現在、JR四国キハ185系の定期運用は特急〈うずしお〉〈剣山〉〈むろと〉〈ホームエクスプレス阿南〉及び、予讃線松山—宇和島間、内子線、牟岐線牟岐—海部間（下りのみ）の各駅停車で、徳島県と愛媛県を中心に活躍している。

不定期運用としては、上記ジョイフルトレインのほか、特急〈しまんと〉、臨時特急〈やくおうじ〉などがある。

特急〈しまんと〉の一部列車については、多客期に山陽新幹線からの乗り換え客に対する座席数確保のため、特急〈南風〉との併結運転が中止される。この場合、当該列車は高松—多度津間の区間運転となり、多度津で特急〈南風〉の接続をとる。

キハ185系は登場から32年たち、"バイプレーヤー"として、ひょうひょうと"仕事"をこなす。JR九州所属車共々、まだまだ存在感を発揮するはずだ。

➡ 89

JR東日本253系
デビューからわずか19年で第一線を退く

左は21世紀に登場した200番代、右は20世紀に登場した0番代。

253系は、JRグループ初となる空港アクセス車両として登場した。〈成田エクスプレス〉というシンプルな列車愛称に反して、派手な装いの内外装と、小泉今日子が発した「ジャンジャカジャーン。」のCMが人々に強烈なインパクトを与えた。

交通アクセスが不便だった新東京国際空港

千葉県成田市に建設された新東京国際空港(通称、成田空港。現在の正式名称は「成田国際空港」。ここでは、「成田空港」を駅名として記す)は、1978年5月20日(土曜日)に開港した。当時はリムジンバスと京成電鉄(以下、京成)が頼りだった。京成は特急より上位の"チャンピョン列車"として、〈スカイライナー〉が看板列車の座に就くが、当時は終点の旧成田空港(現・東成田)でバスに乗り換えなければならず、手間がかかる国際空港アクセスだった。

一方、国鉄も新東京国際空港へのアクセス構想を持っており、実際に成田新幹線東京─成田空港間を建設していた。成田空港は地下にホームを設け、手間のかからない国際空港アクセスを夢見ていたが、沿線自治体の猛烈な反対運動により、工事が凍結されてしまい開業を断念した。

1987年11月6日(金曜日)、自由民主党の竹下登が総理大臣に就任し、内閣が発足した。運輸大臣に任命された石原慎太郎(当時55歳。のちの東京都知事、日本維新の会共同代表)は、成田新幹線に着目し、在来線転用を提案した。

これを受け入れる形で、1988年10月28日(金曜日)、JR東日本、京成、千葉県、日本航空、全日空、日本エアシステム(現在は日本航空に吸収合併されている)などが出資する第3セクター方式で、第3種鉄道事業者(鉄道線路のみ保有し、運送業務は第1・2種鉄道事業者が行なう)となる成田空港高速鉄道株式会社を設立した。

新東京国際空港への鉄道アクセスは、JR東日本が新規参入、京成もルートを変更し、それぞれ第2種鉄道事業者(第1・3種鉄道事業者の鉄道線路を使用して、運送業務を行なう)として、旅客列車

を運転することになった。建設費は約500億円である。

リクライニングシートを採用しなかった普通車

　253系はいうまでもなく、新東京国際空港のアクセス特急用として、1990年12月に産声をあげた。国鉄時代は北海道の千歳線に千歳空港(現・南千歳)駅を設け、空港アクセス輸送をしていたが、中間駅や「国際空港」という位置づけをされていなかったせいか、専用の車両は開発されなかった。

　253系のエクステリアは、北極圏を高度1万メートルから見た景色をイメージしており、「極地の白」はポーラホワイト(車体側面)、「成層圏の空」はストライスフィアグレー(先頭車の車体

新宿で発車を待つ253系。この駅は複雑な構造なので、ホームによっては隣の代々木駅が眺められる。

➡ 92

側面。全車の車体下部には、薄めのグレー帯がある)、「地平線に輝く太陽」はホライゾンカーマイン(先頭車前頭部及び、全車の車体側面上部)、「宇宙の空間」はコスミックブラック(先頭車前頭部及び、車体側面の窓周り)を使った。

　253系はパンタグラフ設置部分を低屋根構造にして、抑速回生ブレーキや耐雪ブレーキを装備しているので、ほとんどの直流電化区間で、走行可能な態勢をとっている。

特急車両の普通車では珍しいボックスシート。

　普通車は一部を除き、2人掛けの座席を向かい合わせにしていた。このため、リクライニングすることができない。また、日本初となるカンチレバー式(片持ち式)を採用した。フランス製のフレーム、座席の黒い部分の生地に日本の織物を使った日仏合作である。

　その特徴として、座席下や背ずりの後ろに荷物が置けるよう配慮した。各車両に3段式の大型荷物置場(下段はスーツケース用、上中段は大きめのカバン用)を設置しており、乗客全員の荷物が入り切らない場合を想定していたのだろう。

大型荷物置場はデッキ付近に設置。

➡ 93

荷棚は、グリーン車を含め、航空機で標準装備されているハットラック、その下には普通車では異例の読書灯を採用し、フライトへの気分を高揚させた。客室全体は"宇宙船の内部を連想させる"というねらいがある。

　その後、ハットラックは、JR九州の特急形電車、カンチレバー式座席はJR東日本215系、E531系のボックスシート、E217系のグリーン車などで採用された。

AE100形は、2016年2月28日(日曜日)に引退。

AE100形のリクライニングシート。

しかし、"特急ボックスシート"は、外国人のウケがよくても、日本人には不評だった。当時、JR北海道721系、JR東海311系、JR西日本221系、JR九州811系という、

➡ 94

転換クロスシートの近郊形電車が颯爽と走っており、253系は時代を逆行するかのような座席だった。その点、ライバルである京成AE100形はリクライニングシートなので、普通車の快適性は歴然としていたのである。

2種類のグリーン車

華麗なるオール1人掛けのグリーン車。

4人用グリーン個室。

　グリーン車は、クロ253形0番代と100番代の2種類を用意した。前者はオール1人掛けで、窓側へ30度傾いた状態としていた。首をひねることなく、車窓を満喫できるものだった。いずれも4人用グリーン個室を設けており、VIPの利用を想定していた。

オール1人掛けグリーン車は、JR九州885系でも採用されている。885系は横3列であるが、座席はすべて1人掛けで、"ひとりになりたい"ひとときを過ごすことができるだろう。

クロ253形100番代は、1人掛けと2人掛けが混在するもので、3・4人グループを考慮していた。いずれも読書灯があるものの、座席背面にテーブルがない。フットレストもなかったが、ひじかけと窓下にテーブルを設けていた。シートモケットは、4人用グリーン個室や運転席も黒を基調に、谷川の早瀬をイメージした柄を採用し、高級感を醸し出している。

グリーン車の最大の特権として、大型荷物置場の向かい側にセルフサービスのミニバーを設置した。コーヒー、紅茶、ウーロン茶、緑茶、ビールなどを用意していたが、普通車の乗客が乱入して飲むという行為が続出し、短命に終わった。

鋼製車体ならではの フレキシブルなデザイン

車体の外観を眺めると、車体妻面に目が行く。鋼製車体ならではのフレキシブルなデザインで、車体断面が変則的な八角形となった。通常、通勤形電車などで見られるストレートボディーは"ソフトな五角形"、近郊形電車などで見られるワイドボディーは"ソフトな七角形"なので、253系はいかにデザイン重視をした車両であるかがわかる。

特急〈成田エクスプレス〉がデビューした当時は、横浜・新宿─成田空港間の運転で、東京で分割併合する。短時間で済ませるため、253系は自動連結器を装備したほか、世界初となる

自動幌装置を採用した。併合する際は、お互いにゴム製の幌を出し合い、エアシリンダーの作用で接着する。ただし、乗客が通り抜けるための法規制をクリアしていないため、乗務員だけしか通り抜けができない。運転台の隣にも扉があり、通常は"開かずの扉"となっていた。

平面図では六角形っぽく見えるが、実際に見ると車体下部の裾絞りがやや鋭い。

　253系は、当初から万全磐石の設計で、ライバルである京成の〈スカイライナー〉に対抗した。当時、日本はバブル景気だったせいか、253系はデザイン重視のハイグレード、2代目〈スカイライナー〉のAE100形は、オーソドックスだった。だからといって、軍配を253系にあげるわけではなく、甲乙つけがたい。

　253系は、当初3両編成で、将来は1両増結することを視野に入れていた。いざ1991年3月19日（火曜日）にデビューすると、特急〈成田エクスプレス〉の好調により、プラチナペーパーと化すことがあったため、1993年から1994年にかけて、中間車(モハ253形100番代、モハ252形、サハ253形)を30両増備した(内訳は1992年度18両、1994年度12両)。これにより、クロ253形0番代連結編成はすべて6両車、クロ253形100番代連結編成は1つだけを除き、すべて3両車に統一された。

　253系は、斬新なアコモデーションもあいまって、1991年

度グッドデザイン賞(商品デザイン部門)、1992年鉄道友の会ローレル賞をそれぞれ受賞している。

253系200番代登場

253系200番代は個性と特化を主張しつつ、スタンダードな部分も採り入れられた。

2002年5月20日(月曜日)、FIFAワールドカップ日韓共同開催(6月1日〔土曜日〕から30日〔日曜日〕まで開催)の輸送力増強用として、253系200番代がデビューした。増結用中間車以来、8年ぶりの増備となり、VVVFインバータ制御全盛の中、界磁添加励磁制御にこだわった。

しかし、界磁添加励磁制御を新規で作るメーカーがない。そこで三鷹電車区(現・三鷹車両センター)所属の205系(10両編成中8両)を武蔵野線に転用させるため、VVVFインバータ制御化改造

第2章 — JR特急車両編

を実施。その際、モハ204・205形各2両の主制御器、主電動機、励磁装置、断流器、誘導分流器を253系200番代に転用した。ATC車上装置も京浜東北線209系のD－ATC化（「D」はデジタル）で撤去されたものを再利用した。ということで、253系200番代は「"新古車"である」ともいえる。

普通車はE257系をベースとした、リクライニングシートに変更された。JR東日本特有といえる座面がスライドするタイプで、ようやく特急らしい座席に

普通車は、ついにリクライニングシートを導入。

変わった。ただし、カンチレバー式ではない。

グリーン車の個室は従来どおりだが、座席は両端を除き、太平洋側は1人掛け、富士山側は2人掛けに変わった。座席はE3系で使われているものをベースとしたが、向かい合わせ利用を前提としていないのか、ひじかけにテーブルが収納されていない。また、ミニバーのセルフサービスをすでに取りやめていたので、大型荷物置場を増設し

JR東日本在来線グリーン車の1人掛けと2人掛けの配置は、E261系で復活する。

→ 99

方向幕。

デジタル方向幕(3色LED式)。

た。

共通しているのは、読書灯をなくしたこと。荷棚をハットラックから、世に言う"網棚"に変わった(「網棚」といっても、網を使っているわけではない)。座席に自動転換機構を設け、折り返し時における車内の整備点検の負担を軽減した。

車体側面では、行先表示器を幕式から3色LED式に変更し、デジタル数字による号車表示器と統合した。

253系20世紀製車の改造

253系200番代登場の影響を受けたのか、3両車のクロ253形100番代がクロハ253形に改造され、2003年3月1日(土曜日)にデビューした。輸送力増強の一環で、グリーン車の座席部分を普通車に改造し、253系200番代と同じ座席に取り替えた。東京寄りには、客室内に

後年の0番代は、座席の配置を変更。

➡ 100

第2章 ─ JR特急車両編

大型荷物置場を設け、荷棚はハットラックから"網棚"に変更した。ほかの2両は座席を取り替えなかったので、同一料金の指定席に差がついてしまう。

6両車も、グリーン車の座席部分がクロ253形200番代と同仕様に改造された。いずれも車体側面の行先表示器も3色LEDに更新され、号車表示を1つにまとめた(デジタル数字による号車表示器を埋め込まれた)。

クロハ253形を除く普通車は、向かい合わせから集団見合い式に変更され、"ボックスシート継続部分"を除き、背面にテーブルが新設された。

JR東日本の集団見合い式座席は719系があるため、"苦肉の策"的な部分が見える。この3点による輸送力増強改造は、2004年3月までに完了した。

"JRの車両がJRの車両にチェンジされる" 時代が到来

JR東日本は2008年2月5日(火曜日)、特急〈成田エクスプレス〉の2代目車両として、E259系の投入を発表した。1991年3月19日(火曜日)に特急〈成田エクスプレス〉が誕生して、まだ17年しかたっておらず、働き盛りであるはずの253系を置き換えることになったのである。JRグループの在来線特急車が置き換えられる初の出来事である。

当時、JR東海では、JR西日本と共同開発したN700系量産車が投入され、JRグループ初の新幹線電車である300系の廃車が序章を告げた(2012年3月16日〔金曜日〕に営業運転終了)。

JR東日本253系

➡ 101

後任のE259系は、臨時特急〈マリンエクスプレス踊り子〉にも充当。

　JR東日本では、京浜東北線用にE233系1000番代を投入し、209系の置き換えを開始していた。それは"JRの車両が、JRの車両にチェンジされる"という、新しい時代の幕開けだった。新幹線電車は在来線車両に比べ、寿命が短いので"セオリー通り"に対し、209系は「価格半分、重量半分、寿命半分」という"公約通り"の展開となった。

　また、「JR東日本400系」のくりかえしとなるが、2008年12月20日(土曜日)、山形新幹線〈つばさ〉の3代目車両として、E3系2000番代がデビュー。初代となる400系の置き換えが始まったのだ。

　2010年1月24日(日曜日)、209系は京浜東北線での活躍を終え(一部は改造の上、他線に転用されて"一命"を取り留めた)、4月18日(日曜日)には、400系が20年の歴史に幕を閉じた。

第2章 — JR特急車両編

特急〈成田エクスプレス〉初代車両253系勇退

　2009年9月30日（水曜日）、253系3両車が営業運転を終えた。翌日に特急〈成田エクスプレス〉2代目車両となるE259系がデビューするためである。これで東京―成田空港間は12両編成に統一された。

　2010年6月30日（水曜日）で、特急〈成田エクスプレス〉は253系の定期運行が終了し、7月17日（土曜日）に大船―成田空港間（往復）でサヨナラ運転（「253系N'EXありがとう記念旅行商品」による団体列車）が行なわれた。

　特急〈成田エクスプレス〉運用を離脱した253系は、空港アクセスに特化した車内設備のせいか、全111両中93両が解体され、18両だけが残存することになった。

残った18両の今

　残存した18両のうち、6両は同年12月下旬、長野電鉄に移籍し、「2100系」となった。車内は洗面所の撤去、トイレの閉鎖などが行なわれた。公衆電話があった箇所は、携帯電話の通話スペースとなっている。4人用グリーン個室は個室指定席「Spa猿〜ん」に改め、1室1000円プラス人数分の特急料金で利用できる。

　外観は、防寒対策として前面の貫通扉を非貫通に改め、電気連結器と特急〈成田エクスプレス〉のロゴをそれぞれ撤去し

長野電鉄2100系の1号車は、リクライニングシート。

た。塗装はホライゾンカーマインから、長野電鉄標準の赤に変えた。台車も軸ばねダンパ撤去などを行なった。

　行先表示器、車両番号の書体、車内放送のチャイム、日本語と英語の自動放送（"案内人"は異なる）は、JR東日本時代を踏襲している。

　2100系は、2011年2月26日（土曜日）に長野―湯田中間のA・B特急〈スノーモンキー〉として、再デビュー。1000系（元小田急電鉄10000形HiSE）のA・B特急〈ゆけむり〉とともに、大黒柱として活躍している。

　一方、JR東日本では、253系200番代をVVVFインバータ制御化、電気連結器と貫通扉の撤去、車内リニューアル、グリーン車の普通車化、4人用グリーン個室の車販準備室化、東武直通対応などの大規模改造により、「253系1000番代」となった。外観は塗装変更が目立ち、二社一寺（日光東照宮、日光二荒山神社、日光山輪王寺）や神橋をイメージした赤と朱をベースに、

ニッコウキスゲや紅葉をイメージした黄の帯を巻いている。高級漆器を思わせる濃厚な色調である。

当初は2011年4月16日(土曜日)に特急〈日光〉〈きぬがわ〉で再デビューする予定だったが、3月11日(金曜日)14時46分に発生した東北地方太平洋沖地震(東日本大震災)の影響で、6月4日(土曜日)に延期された。

253系1000番代。多客期は2編成がフル稼働する。

JR東日本E351系
事故や故障で泣いた振子車両

松本車両センターで1000番代(左側)と0番代(右側)が並ぶ。

E351系はJR東日本初の振子電車で、車両形式の前に「East Railway Company」(東日本旅客鉄道：JR東日本の正式名称)の頭文字「E」をつけた最初の車両である。最高速度や曲線通過速度向上により、スピードアップを図ったが、183系1000番代、189系の全面置き換えには至らず、E257系にあとを託した。

スピード&チャージ

　国鉄は1983年7月5日(火曜日)に中央本線岡谷―塩尻間の
"みどり湖ルート"開業に伴い、エル特急(現・特急)〈あずさ〉
は、同区間の所要時間を約20分短縮させた。さらに1986年
11月1日(土曜日)のダイヤ改正では、昼行優等列車をエル特急
〈あずさ〉に統一させ、急行〈アルプス〉は夜行列車のみ運転
となった。

　分割民営化後、JR東日本ではエル特急〈あずさ〉用のデラッ
クス編成が登場した。グリーン車と指定席はリニューアルし、
座席部分の床を高くしたセミハイデッカーに、側窓を若干大き
くして眺望をよくした。グリーン車の座席は、1人掛けと2人
掛けが並び普通車との格差をつけた。

　一方、自由席はシートモケットの更新にとどめ、デラックス編
成の対象から外れた編成については、自由席車両を除き座席を
取り替えた。

　エル特急〈あずさ〉〈しなの〉が通る中央本線には難点があ
る。カーブが多いことで、後者は自然振子を実用化させた381
系、後者は自然振子機能がない183系だった。JR東日本では、
中央自動車道経由の高速バスやマイカーなど、移動手段が多様
化していたことに対する危機感とともに、特急形電車の更新時
期にさしかかっており、中央本線八王子―みどり湖―塩尻間の
高速化に着手。JR四国2000系、8000系、JR北海道キハ281
系に続く制御つき自然振子車両の投入も決めた。それがE351
系である。

E351系登場

E351系1次車は、当初0番代だった。

E351系1次車

←東京　　　　　　　　　　　　　　　　　　　　　　　　　　　南小谷→

号車	1	2	3	4	5	6	7	8	9	10	11	12
形式	クハ E351形 100番代	モハ E351形	モハ E350形	サハ E351形	サロ E351形	モハ E351形 100番代	モハ E350形 100番代	クハ E351形 200番代	クハ E351形 300番代	モハ E351形	モハ E350形	クハ E351形
	Tc	M1	M2	T	Ts	M1	M2	Tc'	Tc	M1	M2	Tc'
備考	普通車				グリーン車	普通車						

　E351系は1993年9月に登場した。JR東日本初の振子車両で、この車両からEastの頭文字「E」をつけ、JR他社との重複を避けた。

　車体は鋼製ながら軽量化に努め、重心を低くした。振子車両は重心が低いので、台車の車輪怪を810ミリ(日本の鉄道車両は860ミリが多い)としている。最高速度を130km/hに引き上げるとともに、曲線通過速度を向上させるため、本則(基本通過速度)

⇒108

＋30 〜 35km/hを目標とした。

　車体塗装は自然、地球を表すアースベージュをベースに、アクセントカラーとして、車体腰部に気品、優雅を表すグレースパープル、その上に未来、新鮮を表すフューチャーバイオレッドを配した。また、側窓の周りをブラックで囲い、連続窓ふうに見せている。モハE351形0・100番代に搭載されたパンタグラフは菱形とした。

　E351系は振子構造に対応するため、重量バランスを考慮(主要機器を分散配置させた)して、4両1ユニットとしたこと、大糸線のホーム有効長の両方に対応するため、基本編成8両、付属編成4両とした。前面のデザインについて、1・12号車は651系に準じた非貫通構造、8・9号車については、貫通構造にして通り抜けが可能になった。651系、253系と同様に、先頭車は分割併合を容易に行なうため、電気連結器も装備した。

　運転台は左手操作のワンハンドルマスコン(力行とブレーキをひとつにまとめたもの)を採用。ブレーキは回生ブレーキ併用電気指令式空気ブレーキのほか、直通ブレーキ、耐雪ブレーキ、下り勾配の走行に備え抑速ブレーキもそれぞれ装備している。このほか、坂道発進時に一瞬の後退を防止する勾配起動スイッチ、力行5ノッチで60km/h以上で走行している場合に限り使用できる定速押しボタンをそれぞれ設けた。

　制御装置はJR東日本の在来線特急形電車初となるVVVFインバータ制御を採用し、素子は209系で実績を作ったGTO式とした(GTOは「Gate Turn-Off thyristor」)。

　中央本線は地域によって電源周波数が異なるため、E351系の車内電源を60ヘルツに統一した。

➡ 109

グリーン車のデッキに車内用自動改札機を設置

　E351系の座席は普通車、グリーン車とも2人掛けを基本に、ひじかけの外側に収納式のテーブル、荷棚の下に照明とスキー用の用具を吊り下げるパイプをそれぞれ設けた。

1次車の普通車。

　普通車の座席は、自動車で実績がある表皮一体成形を採用し、グリーン系とピンク系の表皮を交互に配した。座席背面にはカップホルダーを設け、ペットボトルなどを置くことができる。シートピッチは970ミリ、室内灯は直接照明とした。

　モハE351形100番代では、車椅子スペースを1人分設け、その部分のみ座席は1人掛けである。向かい側は多目的室で、赤ちゃんの授乳などができる。デッキには車椅子対応の洋式トイレもある。

　グリーン車は座席の表皮に2種類のブラウンを用い、落ち着いた雰囲気を醸し出している。各席にはシートヒーターを設け、乗客の好みに応じて入り切りできるほか、冷房中でも使用できる。シートピッチは1160ミリ、固定式の枕も設け、普通車との差をつけている。

　当初は客室の中間を境に透明の仕切りを設置し、禁煙エリア

1次車のグリーン車。シートモケットは、のちに更新された。

と喫煙エリアに分かれ、後者側に集塵機(しゅうじんき)を備えた。のちに全面禁煙となったので、仕切りが撤去された。

グリーン車のデッキ内には、車内用自動改札機を設置した。きっぷを通すことで、客室の座席番号下に設置した緑のランプが点灯し、車掌の改札を省略する。1994年7月17日(日曜日)から7月23日(土曜日)までのあいだ、エル特急〈あずさ〉で試験を行なったところ、「車内用の自動改札機の存在に気づかない」、「きっぷが磁気券ではないので利用できない」などといった課題もあり、後述する2次車では実用化されなかった。

その後、車掌が携帯情報端末で指定席の発売状況を確認するシステムの導入により、2006年4月28日(金曜日)からグリーン車、普通車指定席の車内改札省略サービスが始まった。なお、指定されていない席に坐っている人、自由席利用客に対しては車内改札を行なう。

エル特急〈あずさ〉でデビュー

　1993年12月23日（木曜日・天皇誕生日）、E351系がエル特急〈あずさ9・31・4・26号〉でデビュー。当時は中央本線八王子—みどり湖—塩尻間の地上設備工事が完成しておらず、振子なし、最高速度120km/hで運転した。

中央本線八王子—塩尻間の曲線通過速度

曲線半径	本則	183系 185系 189系 E257系	E351系
800メートル以上	95km/h	110km/h	120km/h
700メートル以上	95km/h	110km/h	120km/h
600メートル以上	90km/h	105km/h	115km/h
500メートル以上	85km/h	100km/h	110km/h
450メートル以上	80km/h	95km/h	105km/h
400メートル以上	75km/h	90km/h	100km/h
350メートル以上	70km/h	85km/h	95km/h
300メートル以上	65km/h	80km/h	90km/h
250メートル以上	60km/h	75km/h	85km/h
225メートル以上	55km/h	70km/h	80km/h
200メートル以上	50km/h	65km/h	75km/h

・183系、185系、189系、E257系は本則＋15km/h、E351系は本則＋25km/h。
・曲線半径199メートル以下や東京—八王子間などは、本則に従う。

　その後、工事の完了により1994年12月3日（土曜日）のダイヤ改正で、エル特急（現・特急）〈スーパーあずさ〉として、本領発揮。曲線通過速度は当初目標としていた本則＋30〜35km/hが見送られ、本則＋25km/hとしたが、それでも最高速度

130km/h、曲線通過速度の向上により、新宿―松本間の最速所要時間は2時間42分から2時間30分へと短縮された。

増備は2次車のみ

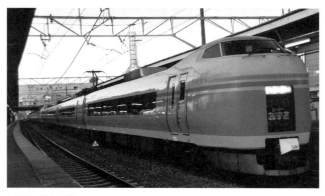

E351系2次車。

E351系2次車

←東京　　　　　　　　　　　　　　　　　　　　　　　　　　　　　南小谷→

号車	1	2	3	4	5	6	7	8	9	10	11	12
形式	クハE351形	モハE351形	モハE350形	クハE350形100番代	クハE351形100番代	モハE351形	モハE350形100番代	サハE351形	サロE351形	モハE351形100番代	モハE350形	クハE350形
	Tc	M1	M2	Tc′	Tc	M1	M2	T	Ts	M1	M2	Tc′
備考	普通車								グリーン車	普通車		

　エル特急〈スーパーあずさ〉運転開始後も2編成24両のままだったが、1996年3月16日(土曜日)のダイヤ改正で4往復から8往復に増発(その分、エル特急〈あずさ〉は4往復削減)されることになり、1995年12月から1996年1月にかけて、2次車36両が登場した。

1次車では松本方4両を付属編成、東京方8両を基本編成としていたが、2次車では逆とした。これにより南小谷発着の列車は、松本で増解結作業に伴う停車時間が短くなり、新宿―南小谷間の所要時間短縮に貢献した。

　車両形式の整理も行なわれ、松本方の先頭車はクハE351形0・200番代からクハE350形に、1号車のクハE351形100番代はクハE351形0番代にそれぞれ変更した。

　エクステリアなどは非貫通先頭車(クハE350・E351形0番代)の先頭部車高を150ミリ低くしたほか、屋根上に設置された空調(空気調和装置)の小型化、パンタグラフをシングルアーム式に、VVVFインバータ制御の素子をIGBTにそれぞれ変更(IGBTは「Insulated Gate Bipolar Transistor」)。制輪子の摩耗対策として発電ブレーキを追加し、回生ブレーキを併用することになった。このため、ブレーキ用の抵抗器を各電動車に設置した。電動空気圧縮機もメンテナンスのしやすさを目的にレシプロ式からスクリュー式に変更になった。

スキー用の用具が立てられる大型荷物置場。

　インテリアもデッキのレイアウトを見直し、配電盤類を床下に移設したことで、一部を除き大型荷物置場を設置した。これに伴い、客室の荷棚下に設けていたスキー用の用具を吊り下げるパイプを廃止した。

このほか、普通車は荷棚下の照明を廃止、室内灯を110ワットから40ワットに変更。併せて天井構造を見直した。トイレの構造も変更し、洋式トイレの汚物処理システムを循環式から真空式に、男子用トイレは節水循環式をそれぞれ採用し、防臭の向上を図った。

普通車は、表皮一体成形から一般的な工法に変更し、メンテナンスのしやすさを考慮したほか、着座幅の見直しにより、通路幅を500ミリから540ミリに拡大した。

グリーン車は、車内用自動改札機及び、座席番号下の緑ランプを省略したほか、座席の表皮をパープル系に変更し、座席背面にテーブルを追加した。室内灯も白色の間接照明から電球色の直接照明に変更され、普通車との違いをより明確にした。

2次車の登場により、1次車はトイレの汚物処理システムや電動空気圧縮機、ブレーキシステムの変更(改造)などが行なわれた。なお、発電ブレーキ用抵抗器は、床下スペースの関係で隣接する付随車にも搭載された。

2次車の普通車。

2次車のグリーン車。

E351系1次車の1000番代化改造

←東京 / 南小谷→

号車	1	2	3	4	5	6	7	8	9	10	11	12
形式	クハ E351形 1100番代	モハ E351形 1000番代	モハ E350形 1000番代	クハ E350形 1200番代	クハ E351形 1300番代	モハ E351形 1000番代	モハ E350形 1000番代	サハ E351形 1000番代	サロ E351形 1000番代	モハ E351形 1100番代	モハ E350形 1000番代	クハ E350形 1000番代
	Tc	M1	M2	Tc'	Tc	M1	M2	T	Ts	M1	M2	Tc'
備考	普通車								グリーン車	普通車		

これにより、車両番号も原番号に1000をプラスし、「E351系1000番代」に改められた。

E351系は2次車を最後に増備が打ち切られ、わずか60両の新製にとどまった。

大月駅構内で衝突事故

1997年10月1日(水曜日)、北陸新幹線高崎—長野間が開業した。これに伴いエル特急〈あさま〉で活躍していた189系の一部をazusaカラーに塗り替え、エル特急〈あずさ〉に転用された。また、一部の183系1000番代が代替廃車となった。

ダイヤ改正からわずか11日後の10月12日(日曜日)20時過ぎ、エル特急〈スーパーあずさ13号〉松本行きが大月1番線を通過中、2番線を発車した201系回送と衝突する事故が発生した。ともに一部の車両が脱線し、エル特急〈スーパーあずさ13号〉松本行きは1両横転した。

事故の原因は、回送の運転士がATSを切ったあげく、信号現示が赤であるにもかかわらず見落としていた。この列車はエル特急〈スーパーあずさ13号〉松本行きと、貨物列車の通過後に発車しなければならず、所定の時刻より6分早く出発して

しまった。運転士の逮捕は免れたが、その後は甲府地方裁判所に起訴され、1999年1月29日(金曜日)に有罪判決(禁固2年、執行猶予4年)を受けた。

この事故で、中央本線四方津―甲斐大和間は1997年10月14日(火曜日)7時20分まで不通になったほか、エル特急〈スーパーあずさ13号〉松本行きの乗客61人、回送の運転士が負傷、当該車両も一時使用不能となった。

"代役"を務めた189系旧ASAMAカラー。

そこで、JR東日本はエル特急〈スーパーあずさ7・15・4・12号〉を「エル特急〈あずさ7・15・4・12号〉」に変更し、189系旧ASAMAカラーで運転した。新宿―松本間の所要時間は5〜8分延び、この態勢は1998年7月16日(木曜日)まで続いた。

一方、201系も中央・総武線用10両分割編成(6両+4両)が"代役"を務めることになり、車体塗装をカナリアイエローからバーミリオンオレンジに変え、東京―高尾間限定運用として、突然の事態をしのいだ。

新年早々の立ち往生

E351系に再び大きな災難に襲われたのは、1999年1月3日

（日曜日）19時34分だった。中央本線韮崎—塩崎間を走行中のエル特急〈スーパーあずさ14号〉新宿行きが、故障発生により緊急停止した。2時間近く止まり、異常がないことを確認して運転を再開したが、故障が再発して止まってしまう。室内灯は非常灯のみ点灯し、トイレの水は流れず、暖房も切れるという最悪な状況だった。

　JR東日本では自力走行は不可能と判断し、別の電車を連結させることで運転を再開したときには、日付が変わっていた。

　故障の原因は、10号車の車両下に取りつけている電線が切れ、沿線の変電所2か所でブレーカーが自動的に遮断したため、電気が送れない事態となったためだ。

　このほか、E351系は登場時から空調の不具合が多い難点もあり、2006年度の冷房不具合は52件も発生していた。JR東日本では究明と対策を行ない、2007年度は10件に減少した。

E257系登場

　2001年5月、エル特急〈あずさ〉、エル特急(現・特急)〈かいじ〉用183系1000番代、189系の置き換え用として、E257系が登場した。E351系と大きく異なる点は、振子車両ではないことで、曲線通過速度も本則＋15km/hとなった。JR東日本が振子の採用を見送ったいきさつは明らかにしていないが、E351系の車両製造費が高価であること、スピードより居住性を重視したものと思われる。

　E257系はアルミ車体を採用し、E351系に比べ1編成(基本編成＋付属編成)あたり平均3.54トンの軽量化を図ったほか、9号

第2章 — JR特急車両編

松本でしか見られないE257系"第3の顔"。

車にフリースペース（展望用のスペース）を設けた。

　居住性の向上に力を入れたE257系は、2002年12月までに154両を投入し、183系1000番代と189系は中央本線特急の定期運用から撤退した。

E351系フォーエヴァー

　2013年9月、一部の新聞記事で、JR東日本は中央本線用新型特急形電車を2016年度に投入することが報じられた。E5系、E6系で実績を持つ車体傾斜装置システム（振子ではない。詳細は後述）を採用し、快適性の向上を図るという。

　JR東日本は老朽化が進むE351系の置き換え用として、2015年7月にE353系特急形電車を登場させた。車体傾斜システムの採用により、E351系と同等の走行性能を実現させた。

　E353系は2017年12月23日（土曜日・天皇誕生日）に特急〈スーパーあずさ〉でデビューすると、E351系の廃車が始まった。

2018年3月17日(土曜日)のダイヤ改正で定期運行を終えたあと、4月7日(土曜日)のサヨナラ運転(松本―新宿間)をもって、25年の歴史に幕を閉じた。
　E351系は、JR東日本最初で最後の振子電車になりそうだ。

E353系は基本編成9両、付属編成3両で登場。(撮影：裏辺研究所)

第2章 — JR特急車両編

旅客用振子車両の引退は、JR北海道キハ285系以来2例目。(撮影:山岸宏)

最後の定期列車は、〈中央ライナー 7号〉八王子行き。

JR東日本E351系

⇒ 121

JR西日本283系

"紀州路特急"の列車愛称が2度変わる!!

特急〈くろしお〉で、もっとも速い283系。

JR西日本発足当初は、国鉄特急形電車、急行形気動車を改造して、在来線特急のグレードアップを図っていた。1992年に登場した681系からは新型車両に移行し、JR九州のような派手さはないものの、ハイグレードなインテリアデザインで乗客を魅了する。283系もそのひとつだ。

構想で終わった『WEST21』

JR西日本は1993年12月20日(月曜日)、急曲線を従来の振子車両よりも約30%速く走行できる『WEST21』の開発に取り組むことを発表した。当時はJR四国2000系を皮切りに、制御つき自然振子車両が流行し、

『WEST21』のイメージ。(図版提供:西日本旅客鉄道)

曲線区間における速度向上により、所要時間を短縮させることに成功していた。

『WEST21』の特徴としては、地上設備の改良工事(カントの修正、分岐器の改良、架線の調整、踏切鳴動距離変更など)を最低限にとどめ、車両の力に頼り、急曲線の高速走行を可能にすることなどが挙げられる。

1両あたりの長さは約10メートル、屋根の高さは約3メートルという低重心連接構造、ステアリング制御とアクティブサスペンションを備え、乗り心地向上とスピードアップを両立させ、表定速度も100km/h以上を目標に設定していた。

JR西日本は、JR四国、JR九州などの協力を得て、『WEST21』をJR総研と共同開発し、1997年に試験車を完成させ、2000年の実用化を目指していた。

『WEST21』が実用化されれば、新大阪―新宮間は約3時間、岡山―松江間は約1時間30分となり、所要時間が大幅に短縮される予定だった。

ところが、JR西日本は1996年春に『WEST21』ではなく、283系の紀勢本線投入を発表した。地上設備の改良工事も紀勢本線和歌山―新宮間で行ない、1997年春にスピードアップを実施することになった。

　改良工事の内容は、宮前以南でカントの修正、紀伊田辺以南のPC枕木化、南部、紀伊田原、紀伊浦神、下里、那智、紀伊佐野の駅構内分岐器改良などである。

　地上設備改良工事の影響で、新大阪発新宮行きの快速2921M(165系運転による夜行列車)は、一部区間運休、バス代行輸送という日もあった。

グリーン車は当初分煙化の予定だった

『JR時刻表』(交通新聞社刊)では、283系〈くろしお〉を「オーシャンアロー車両で運転」と記載。

　JR西日本は1996年4月5日(金曜日)、283系の車両愛称を『オーシャンアロー』と命名した(「黒潮踊る南紀の海へ、矢のように走る」という意味)。列車愛称も「特急〈スーパーくろしお・オーシャンアロー〉」に決定し、既存のエル特急(現・特急)〈くろしお〉を置き換えることになった。

　ただし、紀勢本線和歌山―新宮間の改良工事が完成していなかったため、当面は"制御なし自然振子"として、381系と同じダイヤで運行することになった。

1996年7月10日(水曜日)、283系が近畿車輛でお目見えした。18両が新製され、A・B・C編成に分かれる。

283系貫通形先頭車。

JR西日本283系編成表

←新宮　　　　　　　　　　　　　　　　　　　　　　　　　　　京都→

A編成	形式	クロ282形	サハ283形	モハ283形300番代	サハ283形200番代	モハ283形	クハ283形500番代
		Tsc'	T	M3	T2	M	Tc5
	備考	グリーン車	普通車					

B編成	形式	クハ282形500番代	モハ283形	クハ283形500番代
		Tc5'	M	Tc5
	備考	普通車		

C編成	形式	クハ282形700番代	モハ283形200番代	クロ283形
		Tc7'	M2	Tsc
	備考	普通車		グリーン車

JR西日本283系

➡ 125

○A編成

　新宮方にパノラマグリーン車を連結した基本タイプのA編成で、2編成12両在籍。

○B編成

　両先頭車を貫通形にそろえた付属タイプのB編成で、1編成3両在籍。

○C編成

　天王寺方にパノラマグリーン車を連結した付属タイプのC編成で、1編成3両在籍。

　車体はデザインの柔軟性に優れた鋼製(381系はアルミ)とした。同じ鋼製の221系などと同様に、屋根や床板は腐食防止対策としてステンレス板を用いた。上半分と排障器(スカート)はピーコックブルー、下半分はホワイト、裾まわりは金帯をまき、軽快感と高級感を醸し出している。また、JR西日本の在来線電車では初めてシングルアーム式パンタグラフを採用した(当時、JR西日本の在来線電車は、下枠交差型パンタグラフを基本としており、シングルアーム式パンタグラフは、特殊な事情がある場合のみ採用していた)。

　パノラマタイプのグリーン車前頭部は、アドベンチャーワールド(和歌山県西牟婁郡白浜町に所在。商号は株式会社アワーズ)のイルカを参

グリーン車。普通車共々、座席背面にテーブルが設置されていない。

➡ 126

考にしたのか、愛嬌たっぷりのデザインで、"283系の顔"を決定づけるものとなった。座席は1列あたり2人掛けと1人掛けの配置で、車体中央の仕切りを境に配列が逆転する。シートピッチは1160ミリで、クロ380形と同じだ。

グリーン車に仕切りを設けたのは、展望席側を喫煙席、デッキ側を禁煙席にする分煙化の方針をたてていたからだ。当時、エル特急〈くろしお〉、特急〈スーパーくろしお〉のグリーン車は禁煙車なので、喫煙者に配慮したのだろう。しかし、6月19日（水曜日）、当時社長を務めていた井出正敬が1つの車両で禁煙と喫煙可に分けることに異議を唱えた。

ツルの一声に圧倒されたかの如く、グリーン車は全席禁煙に変更され、仕切りを設けた意味がなくなった。のちに撤去し、1人掛け座席を2つ増設された。

普通車のシートモケットは2種類採用された。パープル系統は「楽しい会話がはずむ」、ブルー系統は「マリンレジャー」をそれぞれイメージした。座席背面には、プラスチック製の黒いドリンクホルダーを設置、テーブルは外側のひじかけに内蔵し、家族やグループなどが向かい合せにしても、弁当などが容易に置けるよう配慮している。シートピッチも970ミリ（381系は910ミリ）に拡大し、居住性を向上させた。

普通車。

乗客の要望を受け入れた付帯設備

283系の特徴のひとつとして、乗客の要望を受け入れた部分がある。JR西日本が1995年夏にエル特急〈くろしお〉、特急〈スーパーくろしお〉の乗客を対象にアンケートを実施したところ、要望が多かった2つを採用した。

展望ラウンジの座席。

展望ラウンジの車窓から。

1つ目は、モハ283形300番代(A編成の3号車)の天王寺方に"気分転換の場"として、展望ラウンジを設けた。定員は8人で、海側には1人掛けの座席を4つと波型のテーブル、山側には一段高い位置に2人掛けのソファーを2つと、ひじかけに見えるテーブル3つをそれぞれ用意した。展望ラウンジ内には、飲料の自動販売機とディスプレイもある。

紀州路の海が一望できる展望ラウンジの側窓は、客室よりも若干大きく、さらに足元にも設けた。ソファーに坐っていると、下の側窓からでも紀州路の海を一望で

きるので、迫力ある車窓を満喫することができる。

　2つ目は、グリーン車とクハ283形500番代の洋式トイレを女性専用にしたこと。トイレつき車両は、洋式と男子小便用があり、男性が小便をしたい場合は、不自由しない。ただ、男性が大便をしたい場合は、サハ283形0・200番代及び、クハ282形500・700番代の洋式トイレ(男女共用)を利用しなければならず、公平さに欠ける難点を持つ。なお、男性が利用できる洋式トイレは、A編成のみの場合、2・4号車。A編成＋BかC編成の場合、2・4・7号車となる。

特急〈スーパーくろしお・オーシャンアロー〉としてデビューしたものの……

　1996年7月31日(水曜日)、283系が特急〈スーパーくろしお・オーシャンアロー〉としてデビューした。夏休みシーズン真っ只中という絶好の時期だったため、旅のお供として283系を選ぶ人が多かったという。

　283系は好評だったが、列車愛称がやっかいだった。国鉄、JRの定期特急の列車愛称では初めて中黒(「・」のこと)がつき、それを含めた字数は17である。特急〈スーパー雷鳥(サンダーバード)〉共々、新型車両をアピールするため、列車愛称を“長文”にしたものの、逆に煩雑となる欠点が発生した。指定席券、グリーン券を購入する人の多くは、みどりの窓口で「オーシャンアロー」、「サンダーバード」と申告していたからだ。

　字数が多い列車愛称は、雑誌にも影響を与えた。正式な列車愛称名は〈スーパーくろしお・オーシャンアロー〉なのに、

〈スーパーくろしおオーシャンアロー〉、〈スーパーくろしお(オーシャンアロー)〉と記述するところがあり、誤字脱字が日常茶飯事となっていたからだ。恥ずかしながら、私自身も2013年5月末まで〈スーパーくろしおオーシャンアロー〉と認識していた。

1997年3月8日(土曜日)、JR東西線の開業及び、紀勢本線和歌山―新宮間の地上設備改良工事が完成したのを機に、JR西日本単独のダイヤ改正を実施。特急〈スーパーくろしお・オーシャンアロー〉は、「特急〈オーシャンアロー〉」に改称された。新大阪―新宮間の最速所要時間は、3時間55分(1996年3月16日〔土曜日〕ダイヤ改正時)から3時間35分になり、制御つき自然振子車両の本領発揮や一部区間の速度向上で最大20分短縮させた。しかし、283系の曲線通過速度は本則+35km/hにする予定だったが、実際は本則+30km/hで走行した。

紀州路特急の最上位列車〈オーシャンアロー〉。

特急〈スーパーくろしお・オーシャンアロー〉は、国鉄、JRの定期特急では史上短命の列車愛称となった。その後、同年3月22日(土曜日)に実施したJRグループのダイヤ改正では、特急〈スーパー雷鳥(サンダーバード)〉も「特急〈サンダーバード〉」に、JR九州のエル特急〈ソニックにちりん〉も「エル特急(現・特急)〈ソニック〉」にそれぞれ改称された。

➡ 130

381系のリニューアル

381系〈くろしお〉は、37年の長きにわたり紀州路を駆けめぐった。

　JR西日本は、283系を増備する計画がなく、1998年11月から2000年3月まで日根野電車区(現・吹田総合車両所日根野支所)所属の381系が一部を除きリニューアル工事を受けた。JR西日本によると、車両の新製投入については、保有する車両の経年を考慮して判断しているという。

　エル特急〈くろしお〉用381系最大の特徴は、クハ381形をクロ381形に、サロ381形をサハ381形に改造されたことにある。このほか、客室内装、トイレなどのリニューアルも行なわれた。

　グリーン車の座席は、廃車された0系のものを転用し、1列あたり2人掛けと1人掛けの配置を基本とした。苦心したのは、381系の冷房装置が床下にあるため、クーラーダクトのほぼ真横に座席を設置しなければならなくなった。このため、新

宮方4列目は、1人掛けが2つ並んでいる。このため、席によってシートピッチが異なる。

普通車はシートピッチを910ミリから1000ミリに拡大させ、居住性を向上させた。こちらもクーラーダクトのほぼ真横は、1人掛けとしている。

塗装は国鉄色から、583系、183系などに準じたJR西日本のオリジナルカラーに変わった。

特急〈スーパーくろしお〉の塗装は当初、白をベースに、クロームイエローとトリコロールレッドを組み合わせていた。

一方、特急〈スーパーくろしお〉用もグリーン車の座席を0系のものに更新され、1列あたり1人掛けと2人掛けの配置に改めた。1人掛けの読書灯は2人分のままとしているのが特徴だ。普通車のシートピッチも1000ミリ、塗装もエル特急〈くろしお〉用のニューカラーに合わせている。

381系日根野電車区所属車のリニューアルにより、紀州路特急の主力として、長く君臨し続けることになる。

JR西日本は2010年3月13日(土曜日)のダイヤ改正で、管轄するエル特急のうち、〈しらさぎ〉を除き、すべて特急に変更

した(国鉄車両は絵入りヘッドマーク、方向幕の「L」マークが残存)。その8か月後、特急〈くろしお〉用287系の投入を発表した。

特急〈くろしお〉に"非振子車両"が投入されたのは、1986年10月31日(金曜日)以来、26年ぶり。(撮影:松沼猛)

種別幕の〈くろしお〉書体は、381系の絵入りヘッドマークを踏襲。

➡ 133

特急〈くろしお〉用287系は、当初2012年7月にデビューする予定だったが、4か月早い3月17日(土曜日)に繰り上げられた。これに伴い、特急〈スーパーくろしお〉〈オーシャンアロー〉は、特急〈くろしお〉に統一。283系にとっては、2度目の列車愛称変更となる。

　287系は振子機能がないため、特急〈くろしお〉天王寺─白浜間の平均所要時間(白浜発着に限る)は、381系に比べ6分かかる。参考までに2011年3月12日(土曜日)ダイヤ改正時は2時間25分、2012年3月17日(土曜日)ダイヤ改正時は2時間31分だ。

　287系の吹田総合車両所日根野支所配属により、381系の一部は福知山電車区に転出し、塗装を国鉄色に戻して残存する183系を置き換えた。

289系は683系2000番代時代の2002年11月に登場しており、車齢16年(2018年9月現在)の"中堅"である。

　将来は287系が残りの381系関西在籍車を置き換えるものと思われたが、その役割は683系2000番代に託され、交流機器

の撤去などにより、「289系」として2015年10月31日(土曜日)にデビュー。関西の昼行特急は、すべて国鉄分割民営化後に手掛けた車両に統一された。

　283系の在籍数は18両にとどまったが、設備面では381系、287系、289系よりも充実しているので、"1度は乗ってみたい"、"また乗りたい"と思う車両である。

JR西日本283系

JR北海道キハ285系

約25億円かけて世に送り出そうとした "第3の振子車両"

一生の大半を苗穂工場で過ごしたキハ285系。(撮影:松沼猛)

日本の鉄道はカーブが多く、スピードアップの妨げとなっていたが、1973年に自然振子電車381系が登場し、所要時間の大幅な短縮に成功した。分割民営化後はJR四国2000系を皮切りに、改良型の制御つき自然振子車両が相次いで登場した。そして、JR北海道は "第3の振子車両" を世に送り出そうとした。

第2章 ― JR特急車両編

振子車両前史

　国鉄は1973年、591系交直流電車の走行試験結果を基に、
"第1の振子車両"として、381系特急形電車を登場させた。

　最大の特徴は曲線における遠心力の作用を受けて、車体が最
大5度傾斜する自然振子を採用したこと。台車の上に振子梁と
空気バネを重ね、その上に車体を載せるという複雑な構造だ。

　曲線でも高速走行できるよう、空調を床下に配し、車体の低
重心化、振子動作を確実に行なうためアルミ車体による軽量化
を図った。また、重心を低くすることで、車両限界(鉄道車両を
安全に走行するため、直線の水平軌道上に静止している状態で、車両が超え
てはならない限界値が運輸規則により決められている)に抵触しないよ
う、車体の裾部と肩部を絞り込んだ。

　381系は曲線の多い新規電化区間に投入され、気動車特急時
代に比べ所要時間の大幅な短縮に成功した。しかし、曲線に
入ってから振子の作動が遅れ、直線に戻ると車体が安定するま
で左右に揺れ動く揺り戻しが原因で、車酔いにあう乗客も多
く、乗り心地に課題を残す。車掌は乗務する際、体調を崩す乗
客のために酔い止めの薬を携帯していたという。

　1982年から"第2の振子車両"として、制御つき自然振子の
開発に乗り出し、実際に381系で走行試験を実施。分割民営化
後は鉄道総合技術研究所とJR四国の共同開発により、1989年
2月に2000系が登場した。

　制御つき自然振子は、先頭車に搭載された指令制御装置に運
転区間の曲線、ATS車上子位置のデーター設定後、走行中に
ATS車上子から得た位置情報で、曲線位置を瞬時に演算する。

JR北海道キハ285系

➡ 137

そして、車体傾斜のタイミングを各車両のティルトコントローラーに送って、車体を傾斜させる。

曲線通過時は振子梁と台車のあいだに取りつけられた空気圧式のアクチュエータによって、車体の傾斜を滑らかにさせるので、不快な揺れもなく、乗り心地の向上を図ったほか、381系と同じ"制御なし自然振子"でも運転できる柔軟性も併せ持つ。

2000系の成功により、制御つき自然振子を採用した特急車が続々登場し、車両性能の向上や地上設備の改良も相まって、スピードアップに貢献した。

"第3の振子"を開発

JR北海道初の振子車両、キハ281系。

➡ 138

JR北海道は、1992年1月に制御つき自然振子を採用したキハ281系を投入した。JR北海道では車両形式の百の位「2」を"車体が傾斜する車両"と位置づけた。

　2年にわたる試験の末、1994年3月1日（火曜日）から特急〈スーパー北斗〉でデビュー。函館—札幌間を最速2時間59分、表定速度106.8km/hをたたき出す。

キハ283系の台車は自己操舵機構つきで、曲線をよりスムーズに通過する。

　1995年11月に改良型のキハ283系が登場。線路条件の厳しい根室本線で制御つき自然振子車両を走らせ、乗り心地の悪化を防ぐため、最大傾斜角度を6度にして、曲線通過時の遠心力を減らした。

　1年以上にわたる試験の末、1997年3月22日（土曜日）に特急〈スーパーおおぞら〉でデビュー。札幌—釧路間を最速3時間40分、表定速度95.0 km/hをマーク。のちに特急〈スーパー

キハ201系は、特急以外の車両では唯一、車体傾斜システムを採用。

北斗〉にも投入された。

　そして、振子のほか、台車の空気バネを膨張させることで、最大傾斜角度2度ながら、曲線通過速度を向上させた車体傾斜システムを採り入れたキハ201系が1996年12月、キハ261系が1998年11月にそれぞれ登場。前者は1997年3月22日（土曜日）、後者は2000年3月11日（土曜日）にそれぞれデビューし、列車のスピードアップに大きく貢献した。

　21世紀に入ると、JR北海道は在来線特急のさらなる高速化を目指し、川崎重工業、鉄道総合技術研究所と共同で新型車両の開発に取り組む。

　キハ283系以上の高速化を図るには、カーブ通過時の速度向

キハ261系は、2014年8月30日(土曜日)のダイヤ改正で、車体傾斜システムの使用を中止。

上が大きなカギを握る。それを実現させるには、最大傾斜角度を6度から8度に上げること。しかし、振子でそこまで上げると、左右方向の重心移動量が75ミリから100ミリに増えてしまい、乗り心地の悪化が懸念された。

それをクリアすべく、JR北海道は"第3の振子"として、振子と車体傾斜システムを組み合わせた複合振子を考案した。最大傾斜角度は前者6度、後者2度、計8度でも重心移動量は68ミリ。キハ283系の75ミリより小さく、乗り心地の向上が期待できる。また、アクチュエータを空気圧式から電動油圧式に変えることで、精度や応答性などが格段に向上する。

曲線通過速度も本則+最大50km/hの運転も可能で、例えば曲線半径600メートル以上なら140km/hで通過できる。複合

振子は、踏切のある在来線では初めて最高速度130km/hの壁を破ろうとしていたのである(注、「踏切のない在来線」の最高速度は160km/h)。

車両と走行位置の検出方法もATS車上子からの情報から、GPSと曲率照合による位置検出システムに変更。地点検出の安定性と検出精度の向上を両立できるほか、GPS情報が得られない場所でもプラスマイナス4メートル程度の検出精度を達成できる。

複合振子は様々な試験を経て、ついに実車キハ282形を用いた定置試験が行なわれた。当初は動作がうまくいかなかったが、空気バネによる車体傾斜のタイミングを若干早めることで解決した。

JR北海道が2006年3月8日(水曜日)に発表した複合振子の台車は、車体の重心をさらに低くするため、車輪径を760ミリ(キハ283系は810ミリ)に小さくしたほか、キハ283系と同様に自己操舵機構を持ち、高速走行によるレールや車輪の負担を減らした。

モーター・アシスト式ハイブリッド

車両を走らせる駆動面については、日高本線の車両更新に伴い、旅客運用から外れたキハ160形を用いてモーター・アシスト式ハイブリッドの開発が日立ニコトランスミッションとの共同で行なわれた。

このシステムは、停車時間の長い駅でエンジンを切り、発車から45km/hまでモーターで加速すると、走行中にエンジンが始動し、ディーゼルエンジンの動力を車輪に伝達する。モー

⇒ 142

第2章 — JR特急車両編

ターによるアシストも相まって、ディーゼルエンジンの動力以上の駆動力を得られるという。

惰行時には、ディーゼルエンジンでモーターを駆動し、それを発電

キハ160形。(撮影:裏辺研究所)

機として動作させることでバッテリーを充電する。ブレーキをかけた際は、車輪からの動力でモーターを駆動し、発電機を動作させることでバッテリーを充電し、これまで熱などで放出していた放散していたエネルギーを回収。45km/h以下になるとディーゼルエンジンを切り、モーターの力で停車する。

これにより車両の低騒音化、排気ガスの低減、乗り心地や燃費の向上などが見込まれ、地球環境保全の貢献にもつながる。

JR北海道は2007年10月23日(火曜日)に「成功」を発表するとともに、複合振子、軽量車体を組み合わせた新型車両の開発を示唆した。

キハ285系落成前に開発中止を発表

JR北海道は2011年5月27日(金曜日)の特急〈スーパーおおぞら14号〉札幌行きの火災及び脱線事故以降、数々のトラブルや不祥事が相次いだほか、在任中の社長が自殺する深刻な事

大雪に耐えるキハ285系。(撮影:北海道の鉄道情報局)

態となり、失った信用と信頼の回復、スピードダウンやメンテナンス時間の確保など、安全最優先に努めなければならない状況に追い込まれた。

さらに北海道新幹線の開業準備を進めなければならず、JR北海道は2014年9月10日(水曜日)にキハ285系の開発中止を発表し、総合検測車改造など"活かす道"を探った。

その後、予定通り川崎重工業で落成し、甲種輸送にて9月28日(日曜日)に北海道入り。苗穂工場に搬入後、10月8日(水曜日)から試運転を開始。苗穂工場内のほか、函館本線を走行した。たとえ量産車に向けた開発が断念されても、関係者や車両自体も"別の道で活路を見出す"と信じていたに違いない。

車両限界に抵触しないよう、車体断面もさらに絞り込まれ、

先頭車は丸みを帯びた形状となった。フルカラー LED 式と思われるヘッドマークも装備されており、苗穂工場で特急〈スーパー北斗〉が掲示されていた。

新聞報道などによると、函館—札幌間を最高速度140km/h、所要時間約2時間40分という青写真を描いていたそうだ。実現していれば表定速度も在来線最速の119.5 km/hとなり、"国内最強気動車"に君臨していただろう。また、老朽化が進むキハ183系の置き換えも兼ねており、160両投入する計画をたてていたという。

夭折
ようせつ

JR北海道は総合検測車改造を検討していたが、車両の構造が複雑かつ、費用が多額にのぼることから、2016年5月に断念を表明。今後の活用法を検討していたが、残念ながら活躍の場を与えられることなく、2017年3月に苗穂工場で解体。開発費約25億円をかけた"JR北海道の傑作"は、わずか2年4か月で夭折してしまった。振子を使わずとも、他社への譲渡、ジョイフルトレイン化改造、臨時列車として活用する手もあったはず。このような結末はきわめて遺憾である。

なお、JR北海道の特急形気動車は、2024年頃まで車体傾斜システムを省いたキハ261系の増備を続け、キハ183系、キハ281系、キハ283系をすべて置き換える予定だという。

現在、JR東日本とJR四国は、制御つき自然振子車両の後継車として、車体傾斜システムの車両を導入しており、今後も複合振子車両が姿を見せる可能性は低そうだ。

JR北海道キハ285系

➡ 145

メンテナンスも複雑なのか、JR北海道はキハ285系の解体を決断した。(撮影：北海道の鉄道情報局)

　一方、モーター・アシスト式ハイブリッドについても、実用化の見込みはなさそうだ。JR北海道は2015年6月10日(水曜日)、新型の電気式気動車(H100形「DECMO」)を2017年度に投入することを発表。JR東日本(GV-E400系)と極力同仕様になり、2018年2月に登場した。しかし、長期的な資金確保が見通せず、量産化のメドはたっていない。

　なお、キハ160形は2013年12月20日(金曜日)に廃車され、16年の歴史に幕を閉じた。

第2章 — JR特急車両編

キハ261系1000番代は、増備途中から車体傾斜システムの搭載をとりやめた。

JR四国8600系は、車体傾斜システムを採用。

➡ 147

JR四国は2600系も車体傾斜システムを採用したが、土讃線の走行試験で課題が発生したため、量産車の投入を見送った。

第3章―私鉄特急車両編

京阪電気鉄道初代3000系

小田急電鉄10000形HiSE

小田急電鉄20000形RSE

名古屋鉄道、会津鉄道キハ8500系

京阪電気鉄道 初代3000系

最後のテレビカー

晩年は往年の姿を再現。

京阪電気鉄道(以下、京阪)初代3000系は、京阪が大きな決断をしていなければ、約20年前に姿を消していたかもしれない。最後まで残った8両が奮闘し、塗装変更することなく引退したのは、"昭和の名車"にふさわしい引き際だったといえる。

料金不要特急は、冷房がなくて当たり前？

　高度経済成長期の真っ只中だった1964年10月、国鉄東海道新幹線開業と東京オリンピック開催で、日本という国は絶頂期を迎え、暮らしがますます豊かになってゆく。昭和30年代(1955〜1964年)に普及した洗濯機と冷蔵庫に加え、カラーテレビ(白黒テレビの代替という位置づけができる)、自動車、クーラーも家庭における生活必需品になったからだ。

　鉄道事業者も有料の特急形車両を中心に、冷房を搭載し、快適な居住環境を乗客に提供していた。昭和40年代(1965〜1974年)に入ると、鉄道利用客は、特別料金を必要としない車両の冷房化を望むようになる。

　昭和40年代前半(1965〜1969年)の京阪間輸送を担う鉄道の場合、京阪神急行電鉄(現・阪急電鉄。以下、阪急)2800系、京阪1900系は、いずれも特急形電車で、特急は乗車券だけで利用できたが非冷房だった。ライバルである国鉄大阪鉄道管理局東海道本線113系快速も非冷房だった(当時、新快速は存在していない)。

　先手を打ったのは、京阪だった。1969年11月、京阪初の冷房を搭載した2400系通勤形電車を登場させた。翌1970年12月には、通勤形電車初の5ドア車となる5000系にも冷房を搭載。以後、標準装備となる。

　京阪の決断に触発したかの如く、1970年7月に国鉄大阪鉄道管理局113系、1971・1972年に阪急2800系が相次いで冷房改造車を登場させた。

冷房とカラーテレビを搭載した初代3000系

京阪は1971年8月16日(月曜日)にダイヤ改正を行ない、京阪本線の特急は、20分間隔から15分間隔に変更し、増発することになった。当時の看板車両1900系だけで特急全列車の運用を賄うことができず、輸送力増強の一環として、新型車両を用意することになった。それが初代3000系である。

5月に登場した初代3000系は、1900系に比べ隔世の感があった。

○冷房の搭載

看板の特急形電車に冷房を搭載したことで、夏季の居住性と快適性が大幅に向上した。

○テレビは白黒からカラーに

テレビカー(当時、上り三条方先頭車に設置)のテレビは、白黒からカラーになった。

日本のカラーテレビ放送は、1960年9月10日(土曜日)から始まり、アメリカ、キューバに次いで世界3番目の快挙だった。当時、カラーテレビが非常に高価(21インチ1台につき約50万円)で、映像もすべ

京阪特急の象徴だったテレビカー。

車内のテレビはNHK総合のみ放映。

第3章 ― 私鉄特急車両編

京阪電気鉄道 初代3000系

ての番組がカラー放送ではなかった。1964年10月の東京オリンピックでは、開会式、閉会式、一部の競技しかカラー放送されなかった。

1966年3月には、日本電信電話公社(現・日本電信電話〔NTT〕)の手により、全国カラー放送用マイクロ回線網が完成した。カラー放送の全国視聴可能範囲は93％となり、カラーテレビ自体も買いやすい価格に下がった。テレビや映画もカラー制作が当たり前となっていく。

テレビカーのカラーテレビ導入に伴い、受信機セットの改良など様々な問題が克服された。なお、初代3000系のテレビカーは、京阪本線地下区間(当時、三条―東福寺間は地上区間)でも視聴できたが、晩年はアナログ放送から地上デジタル放送に切り替わった影響で、地上区間のみとなった。

○**オールクロスシート**

1900系の客室は、転換クロスシートを基本とするものの、車端部はモーター点検蓋がある関係で、一部車両を除きロングシートとしたセミクロスシートである。

初代3000系は、妻面部分の席を固定クロスシートにした以外、すべて転換クロスシートとした。窓側のひじかけは、国鉄581系、583系と同じ埋め込み式(樹脂製)とな

リニューアル後の転換クロスシート。

➡ 153

り、側壁内に設けた。

　さらに世界初、転換クロスシートを自動で一斉に向きを変える装置を設けた。終点に到着して、乗務員や駅員が乗客全員の降車を確認したあと、車掌が一旦乗降用ドアを閉める。車掌の操作により、転換クロスシートの向きを変え、折り返し運用に備えるのだ。もちろん手動で向きを変えることも可能で、グループや家族連れにも優しい設計である。参考までに、京浜急行電鉄(以下、京急)2100形の転換クロスシートは、手動で向きを変えることができない。

○電照式ヘッドマーク

京阪特急、もうひとつの象徴は現在も続く。

　白いハトでおなじみの特急標識は、1952年7月17日(木曜日)に登場した。特急運用時には必ず掲出させていたが、夜間や悪天候の場合、遠くからの視認性に難があった。

　初代3000系では、前面貫通扉の窓下に蛍光灯を内蔵し、"光る特急標識"として、夜間や悪天候でも列車を識別できるようになった。なお、特急以外の列車で運転する場合、特急標識をカバーで覆う。

○金箔

　客室妻面の化粧板は、薄い灰地に白雲を浮かべている。さらに金色の彩雲は、本物の金箔をちりばめており、京都を愛する京阪の心意気が表れている。初代3000系以外の鉄道車両で金箔を使ったのは、JR九州800系1000・2000番代や、叡山電鉄700系『ひえい』しか記憶にない。

第3章 — 私鉄特急車両編

初代3000系 京阪電気鉄道

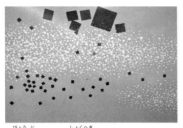
屏風のような飾壁。

豪華と効率を両立させた初代3000系は、4編成12両を投入した。特急は朝から晩まで運行しており、通常は3両車2編成をつないだ6両編成で運転する。終電が近い夜間の時間帯は、運転間隔が開くため、3両編成で運転するダイヤとなっていたためだ。

○直流1500ボルト対応

当時の京阪は、直流600ボルトだった。京都市交通局路面電車との平面交差が数か所存在していたため、直流1500ボルトに昇圧するのが困難だったからだと考えられる(京都市交通局の路面電車は1978年10月1日〔日曜日〕に全廃)。

とはいえ、京阪は直流1500ボルトに昇圧する構想があり、初代3000系では補助電源装置、電動空気圧縮機などを複電圧対応とした。

なお、京阪本線、交野線、宇治線の架線電圧が直流1500ボルトに昇圧したのは、1983年12月4日(日曜日)早朝からである。

ダイヤ改正前にデビュー

初代3000系は、ダイヤ改正を待たず、1971年7月1日(木曜日)にデビューした。夏真っ盛りの時期に冷房つき特急が走るとあって、乗客から好評を博した。

⇒ 155

1972年6月には、初代3000系が初めて増備され、4両車が登場。窓側のひじかけは外づけ式に変更された。一方、特急の主力だった1900系は通勤形電車格下げ改造が始まり、オールロングシート化、乗降用ドアの増設、塗装変更などが行なわれた。

収納式の補助椅子。

　1973年6月に最後の増備が行なわれ、乗降用ドア付近の金属製仕切り板を補助椅子に変更し、座席定員の増加を図った。先頭車の連結器も電気連結器つき密着連結器に変更し、増解結を容易にした。

　1971・1972年製の編成も一部を除き、上記の改造をすることになり、1973年11月から1974年3月まで実施した。

　初代3000系は、3両車14編成、4両車4編成の計58両がそろい、1900系は臨時を除き特急運用から撤退した。

8000系エレガン都エクスプレス登場

　初代3000系は、"京阪の顔"として15年以上にわたり定着していた。カーブが多く、スピードが思う存分出せる区間が少ない京阪の弱点を快適性でカバーしていた。

　1987年5月24日（日曜日）早朝、京阪本線三条―東福寺間が地下化された。地上時代は、鴨川を眺望できる車窓をウリとし

第3章 — 私鉄特急車両編

京阪電気鉄道 初代3000系

8000系エレガン都エクスプレス。

ていたが、国道1号線五条通の交通量増加などで、踏切渋滞が問題視されていた。

2年後の1989年10月5日(木曜日)、京阪初の全線地下路線、鴨東線が開業した。起点の出町柳は、叡山電鉄叡山本線の接続駅となり、利用客の増加が見込まれていた。そこで、特急の輸送力増強用として、「エレガン都エクスプレス」こと、8000系特急形電車を12両投入した。内訳は7両1編成と、初代3000系3両車の増結用中間車5両である。

初代3000系は、3両車と4両車の組み合わせによる7両固定編成化となり、淀屋橋・出町柳方先頭車連結器の取り替えと幌を撤去した。

鴨東線の開業で特急の利用客が増加し、叡山電鉄乗継による比叡山、鞍馬山への観光ルートを開拓した。当時は叡山電鉄の乗客が急増するほどのブームだった。

ところが予想外の出来事も発生した。特急利用客の多くは、8000系を"指名"したからだ。新型車両であると同時に、性能

➡ 157

や客室レベルに差がついていた。

　翌1990年9月から1993年8月にかけて、8000系を9編成増備し、初代3000系を置き換えた。余剰となった初代3000系は、一部が富山地方鉄道(以下、地鉄)、大井川鉄道(現・大井川鐵道)に移籍したが、それ以外は9両を残し廃車された。

地鉄移籍後は、「10030形」として活躍中。(撮影：間貞磨)

大井川鐵道移籍後も引き続き、「3000系」として活躍した。(提供：大井川鐵道)

第3章 — 私鉄特急車両編

京阪電気鉄道 初代3000系

衝撃のダブルデッカー(2階建て車両)登場

　京阪は検修体制の見直し、予備車確保を理由に初代3000系を1編成残すことになった。

　1995年3月から12月にかけて、7両を対象に改修工事を行ない、極力8000系に合わせたが、1両だけ大きく異なっていた。世界でも珍しいダブルデッカー改造車の出現である。

　1階席(オール2人掛け)は「華やかなラウンジ」、2階席(1人掛けと2人掛け)は「ゲストルーム」をイメージした内装で、いずれも集団離反型の固定クロスシートとした(座席はノルウェー製)。通路にじゅうたんを敷き、各席に読書灯を設置するなど、JR東日本211系2階建てグリーン車と遜色ないハイレベル空間である。平屋席の内装は、両隣の車両と変わらず、1両の客室で「天と地」と言える差がある。

京都を愛する京阪ならではの心意気。

ダブルデッカーの車内。

　車体側面は、1階席と2階席のあいだに、西脇友一大阪芸術

➡ 159

大学教授が描いた時代祭行列絵図のグラフィックシールを貼付した。にぎやかな行列は、ダブルデッカーのアクセントとなった。"乗る楽しみ"だけではなく、"ホームから眺める楽しみ"も加えたのである。

前面は運転台の更新(主幹制御器のワンハンドルマスコン化など)、飾り幌枠の設置、貫通扉の窓下は、特急以外の種別と行先を表示する幕となった。特急標識は樹脂製の表示板を乗務員室内で挿入する方式とした。

12月25日(月曜日)、装い新たに復帰すると、人々はダブルデッカーに注目した。初代3000系のダブルデッカーは、簡易展望席、テレビカーに続く"目玉商品"となる。

乗車券だけで乗れるダブルデッカーの成功により、特急形電車の8両編成化が決定した。

1997年9月11日(木曜日)から1998年4月29日(水曜日・みどりの日)にかけて、8000系は新製ダブルデッカー(当時、オール転換クロスシート)、初代3000系は先頭車の中間車改造を行なったリニューアル車をそれぞれ増結し、8両編成化が完了した。

なお、初代3000系は1997年10月13日(月曜日)に余剰1両が廃車された。

2代目3000系コンフォート・サルーン登場

京阪は2008年4月15日(火曜日)、"中之島線のエース"となる新型車両の詳細を発表し、形式名は2代目3000系と決まると同時に「コンフォート・サルーン」と名づけた。

初代3000系は、8000系と同等の機器性能を備え、運用も分

第3章 — 私鉄特急車両編

京阪電気鉄道 初代3000系

け隔てなくこなしているため、6月27日(金曜日)、「8000系30番代」に改めた。

10月19日(日曜日)、「水の上の新都心」というキャッチコピーを掲げた中之島線(天満橋—中之島間。全線地下)が開業。2代目3000系は、おもに出町柳—中之島間の快速急行として活躍したが、中之島線の利用客が伸び悩み、2011年5月28日(土曜日)のダイヤ改正で、京阪本線特急中心の運用に変更された。

2代目3000系コンフォート・サルーン。

「8000系30番代」改番後も、いつもと変わらぬ姿で京阪本線と鴨東線を駆けめぐった。

➡ 161

8000系からテレビカーが消える

京阪は2009年3月24日（火曜日）、8000系のリニューアルを発表した。最大の焦点は、テレビカーの廃止である。京阪は2006年夏にテレビカーのアンテナを地上デジタル放送対応に改造していた。ところがワンセグの普及により、ほとんどの列車に乗れば、"簡易テレビカー"が可能なのである。

実際、2012年12月15日（土曜日）に初代3000系のテレビカーに乗ってみると、テレビを見ない乗客が多かった。放送中の番組に関心がないのと、立客に画面を遮られるな

"簡易テレビカー"のイメージ。

8000系は塗装変更後、めまぐるしい変化を遂げる。

第3章 — 私鉄特急車両編

京阪電気鉄道 初代3000系

ど、昼間でも落ち着いて観る環境が失われたのだ。停車駅増加による"副作用"という見方もできる。

初代3000系は再リニューアルの対象外となった。テレビについては、放映を休止した状態で残し、車体側面にある「テレビカー」の切り文字を撤去し、塗装変更すると思う人がいただろう。

初代3000系フォーエヴァー

京阪は同年7月5日(木曜日)、初代3000系が2013年春に引退することを発表した。ただし、レールファンの非常識な横行が多いと判断した場合は、予告なしに引退を早めることも明かした。『鉄道ダイヤ情報』2008年11月号(交通新聞社刊)では、初代3000系塗装変更後のイメージイラスト(車体の上部をエレガント・レッド、帯線をエレガント・ゴールド、下部をエレガントイエロー)を掲載し、京阪プレスリリースでは「現(初代)・3000系含む」と明記していたが、同誌2012年12月号では、数年前から寿命が近づいていたことを明らかにした。

2012年夏に掲出されたヘッドマーク。

京阪は特設サイトを設け、初代3000系の運転日とダイヤを予告し、レールファンや沿線の人々に、最後の雄姿を気軽に見てもらう態勢を整えた。

同年9月28日(金曜日)

➡ 163

から、前面をクラシックタイプに改造し、"往年の姿"をできる限り再現した。乗務員室には、復刻特急標識を掲出するマニュアルがあり、位置は1ミリでもズレることを許さない、妥協しない姿勢を持ち、ファンサービスに努めていた。

2013年3月10日（日曜日）に定期運行が終了したあとは、ダブルデッカーを外し、往年の姿(7両編成)をよみがえらせた。3月23・24・30・31日(土・日・土・日曜日)に中之島発出町柳行きの臨時快速特急を運転し、停車駅も京橋までの各駅、七条、祇園四条、三条にしぼり、こちらも往年の姿を再現した。なお、現在の特急は、163ページで述べた通り、停車駅が増えた。

3月31日(日曜日)12時04分、臨時快速特急は終点出町柳に到着し、42年の歴史に幕を閉じたかに見えたが、この日は京阪とJTB西日本の共同企画による淀車庫撮影ツアーがあり、本来出町柳—寝屋川車庫間を回送するところ、淀—淀車庫—寝屋川車庫間で初代3000系に特別乗車できる特典を設けた。これが初代3000系最後の旅客営業列車(回送扱い)となったのである。

15時43分、寝屋川車庫に到着し、初代3000系は42年の歴史に幕を閉じた。その後、ダブルデッカーは地鉄に譲渡され、北陸の地に住み慣れた10030形に増結の上、2013年8月25日(日曜日)に特急〈ダブルデッカーエキスプレス〉として再デビューした。

2014年に入ると、2月14日(金曜日・バレンタインデー)に大井川鐵道移籍車が引退。3月12日(水曜日)にKUZUHA MALL 南館ヒカリノモール1階のSANZEN-HIROBAで初代3505(8000系30番代の8531)がデジタル動態保存された。

第3章 — 私鉄特急車両編

初代3000系の新天地

　あらためて、3つの新天地に移った初代3000系の詳細を御紹介しよう。

■富山地方鉄道

　鉄道線に残る非冷房車の置き換えを目的に、1991年から1993年夏にかけて、先頭車16両を購入し、「10030形」として1991年3月28日(木曜日)に再デビューした。

　移籍に際し、"最大の難関"と言えたのが軌間で、京阪は標準軌に対し、地鉄は狭軌なのだ。そのため、下回り(台車、主電動機、制御装置など)は、営団地下鉄(現・東京メトロ)3000系の廃車発生品に、パンタグラフも下枠交差式(新製)にそれぞれ換装された。

　車内は冬季対策として暖房の増強、テレビの取り換え、

"10030形デラックス"といえる、特急〈ダブルデッカーエキスプレス〉。(提供：富山地方鉄道)

➡ 165

VTRの設置が行なわれた。

　当初、車体のエクステリア、インテリアとも、一部を除きオリジナルを保っていたが、のちに塗装変更、一部編成の台車と走行機器の再換装、ワンマン化改造などが行なわれた。

　2012年4月に1編成の塗装を原色に復活させたあと、2013年8月26日(月曜日)からダブルデッカーを指定席車として増結し、特急〈ダブルデッカーエキスプレス〉の営業運転を開始。運転区間は時期によって異なる。

■大井川鐵道

　先頭車2両を購入し、1995年4月29日(土曜日・みどりの日)に再デビュー。こちらも軌間が異なるため、下回りは営団地下鉄5000系の廃車発生品に換装されたほか、ワンマン化改造も受けた。

　車内には飲料の自販機が設置されたほか、花を飾り、オアシス的な空間を創出する。車両番号と塗装は京阪時代のまま。

　移籍後は特急標識を"封印"していたが、2012年10月27日(土曜日)の臨時急行運転に際し、千頭方先頭車の3507のみ再現。往年の姿がよみがえった。

■KUZUHA MALL

　初代3000系の引退から1年後、大井川鐵道移籍車の引退から1か月後の2014年3月12日(水曜日)、KUZUHA MALL 南館ヒカリノモール1階のSANZEN-HIROBAで、先頭車初代3505が「デジタル動態保存」として展示

された。展示車両は動かないが、参加者の運転操作に合わせて、画像や走行音が流れるので、リアルタイムで乗車しているような雰囲気になるという。

当初は係員によるデモンストレーション運転としていたが、5月16日（金曜日）からインターネット限定の事前受付制になり、1回2000円で約20分間の運転体験ができる。

デジタル動態保存にあたり、新製時の姿を極力復元した。

小田急電鉄 10000形 HiSE
ワインレッドの小田急ロマンスカー

昭和最後の小田急ロマンスカー10000形。

10000形 HiSE（ハイエスイー）の「Hi」とは、「High-Decker」、「High-Grade」、「High-Level」の3つをまとめたもので、「SE」は「Super Express」の略だ。洗練された小田急ロマンスカーとして、華々しいデビューを飾ったが、先輩7000形LSE（「Luxury Super Express」の略）より先に引退した。

ハイデッカーブーム

　1980年代中盤から1990年代にかけて、日本の鉄道はハイデッカー車両が流行していた。

　その先駆けとなったのは、1984年12月に登場した名古屋鉄道8800系『パノラマDX』だ。7000系パノラマカーと同様に、先頭車の一部分を展望室にした。

　7000系パノラマカーと大きく異なる点は、運転席と展望室の位置を逆にしたこと。展望室部分をハイデッカーにすることで、中2階レベルの車窓を楽しむことができるのだ。"新感覚車両"は鉄道友の会の心をつかみ、1985年にブルーリボン賞を受賞した。

　国鉄では、同年12月にキハ56形、キロ26形をジョイフルトレインに改造した『アルファコンチネンタルエクスプレス』が登場し、先頭車の一部をハイデッカーにした（中間車は平屋のまま）。当時の国鉄は既存車をジョイフルトレインに改造するのが流行しており、増収策とイメージアップに努めていた。

国鉄特急形気動車の"傑作"といえる、ハイデッカーグリーン車。

1986年に入ると、9月に落成したキハ183系500番代のグリーン車がオールハイデッカー(客室部分)となり、曲面ガラスの採用も相まって豪華さを醸し出す。国鉄の財政上、コストダウンを図りつつ、車内外のすべてが斬新な仕上がりとなった。

11月にはキハ65形改造の『ゆぅトピア』が登場し、先頭車の一部をハイデッカーにした。その部分を展望室にして、ミニサロンにしたのが特徴だ。このほか、日本の鉄道では初めて電車との併結運転を可能にした(臨時特急〈ゆぅトピア和倉〉で運転する際、大阪—金沢間はエル特急〈雷鳥〉と併結)。このため、別の気動車と併結できない制約がついた。

12月にはキハ80系改造の『フラノエクスプレス』が登場し、先頭車は一部、中間車はオールハイデッカー(客室部分)とした。1987年に鉄道友の会ブルーリボン賞を受賞。JR北海道唯一のブルーリボン賞受賞車である。

同年3月にはキハ58形、キハ28形を改造した『サロンエクスプレスアルカディア』が登場し、先頭車の一部をハイデッカーとした。分割民営化後はJR東日本新潟支社のジョイフルトレインとして活躍したが、1988年3月30日(水曜日)に火災事故が発生し、わずか1年で"花"が散った。

国鉄分割民営化後、JRグループ初のジョイフルトレインは1987年10月に登場したJR西日本の『あすか』(12系、14系の改造)で、4号車は客車初のハイデッカーとなり、イベントコーナーとカウンターコーナーにあてた。

ここまでのハイデッカーは、"目玉商品"と位置づける車両が多かったと思う。だが、小田急電鉄(以下、小田急)は11月に"大衆向けハイデッカー"を世に送り出した。それが10000形HiSEだ。

⇒ 170

新色の特急ロマンスカー

　特急ロマンスカーは、通勤や行楽の足として、年間利用客が1000万人を超えていた。有料特急でも"特別なのりもの"から"日常ののりもの"に進化したといえる。

　小田急は1927年の開業から60周年を迎えるにあたり、10000形HiSEを製作した。

小田急電鉄 10000形HiSE

「伝統」と「流行」を融合した先頭車。

　車体は鋼製、制御装置は電動カム軸式抵抗制御。前面の展望室前面傾斜角度を7000形LSEの48度から37度に、運転室前面傾斜角を45度から50度に変更し、スピード感を強調したデザインとなった。列車愛称表示器は前面から、車体側面の運転室と展望室のあいだに設置し、精悍さも増した。

　塗装も一新し、パールホワイトを基調に、ロイヤルレッドとオーキッドレッドをアクセントカラーとして用い、側窓の周りを黒で囲み、連続窓ふうに仕上げた。

ハイデッカーの側窓は高さ900ミリで、眺望もよい。

　客室は展望室を除き、デッキも含めハイデッカーとした。先述したキハ183系500番代のハイデッカーグリーン車は、デッキから客室までのあいだをスロープにして、車内販売のワゴンが通れるようにしたのに対し、10000形HiSEは乗降用ドアが開くと2段ステップを登り下りする構造だ。パンタグラフは上背があるハイデッカーに対応するため、小田急初の下枠交差式を採用した。

　いずれもこの方式は20000形RSEにも踏襲されている。しかし、後年はこの構造が災いすることになるとは、誰も考えていなかった。

座席は回転式クロスシート

　座席は意外なことに、リクライニングしない回転式クロスシートとした(展望室は固定式クロスシート)。背もたれは坐りやす

第3章 — 私鉄特急車両編

回転式クロスシート。

い角度に設定している。シートモケットは、江ノ島と芦ノ湖をイメージしたブルー、太陽をイメージしたレッドを使い、明るい色調だ。

3・9号車には喫茶カウンターを設けた。座席へのデリバリーサービスがあり、「走る喫茶室」と呼ばれていた（乗客が喫茶カウンターで直接購入することも可能）。10000形HiSEでは、オーダーエントリーシステムを導入し、注文から座席へのお届けまで迅速に対応できるようにした。ただし、「走る喫茶室」は1995年3月で終了し、以降はワゴンサービスによる車内販売に変わった。

10000形HiSEは、1987年12月23日（水曜日）にデビュー。

小田急電鉄 10000形HiSE

喫茶カウンターは、小田急ロマンスカーの伝統だった。

➡ 173

当初は第1編成のみだったが、1988年1月に第2編成が増備された。同年に鉄道友の会ブルーリボン賞を受賞し、特急ロマンスカー車両は4代続けての栄誉となった。

　1989年6・7月に第3・4編成がそれぞれ増備され、4編成がそろった。

7000形LSEリニューアル車は、当初塗装も一新されていた。

　蛇足ながら1996年3月、7000形LSEにリニューアル車が登場した。客室リニューアルのほか、3号車を車椅子スペース、4号車を車椅子対応の洋式トイレに改造し、身障者に優しい車両になった。車体塗装も初代3000形SEから続いたグレーをベースに、バーミリオンオレンジ、ホワイトのアクセントカラー(宮永岳彦画伯デザイン)から、10000形HiSEに準じた。展望室がある車両のイメージカラーを統一させるためである。なお、7000形LSEのリニューアルは1998年4月に完了した。

エースに返り咲いた10000形HiSE

　小田急は2002年度から10000形HiSEを"エース"に再抜擢させ、ポスターやCMに起用された。それまでのエースは、30000形EXE(「Excellent Express」の略)で、質の向上、20メートル車体と6両＋4両の分割編成により、柔軟な運用と輸送力の向上に貢献した(11両連接車両は、20メートル車約7両分に相当する)。

30000形EXEは、リニューアルが進められている。

　有料特急としては、充分な設備を有しているが、30000形EXEには展望席がない。一応、簡易的展望席はあるものの、ハイデッカーではないので見晴らしが良好とは言えなかった。人々(特に子供たち)にとって、特急ロマンスカーのシンボルは、早い者勝ちの展望席なのだ。小田急は"特急ロマンスカー＝展望席"を再認識したのか、特急ロマンスカー〈はこね〉〈スーパーはこね〉〈サポート〉は、できるだけ7000形LSE、10000

形HiSEを充てた(現在、〈サポート〉は存在しない)。

　その頃、小田急では新型特急ロマンスカー車両について議論されていた。10000形HiSEはハイデッカー構造のため、車両をリニューアルしても交通バリアフリー法に対応できないことが判明したのだ。この法律制定により、鉄道車両は新製、リニューアルとも、車椅子スペースなどといった身障者対応設備が義務づけられている。

50000形VSE登場

50000形VSE。

　2004年12月、展望室、連接構造、走る喫茶店(2016年3月26日〔土曜日〕のダイヤ改正でワゴンサービスに変更)を復活させ、車両のデザインを岡部憲明氏(岡部憲明アーキテクチャーネットワーク)に依頼した50000形VSE(「Vault Super Express」の略)が登場した。温かみがある上質な空間、シルキーホワイトを強調した車体、滑

らかな先頭車の形状など、硬さがない車両に仕上がった。

50000形VSEは2編成投入され、2005年3月19日(土曜日)にデビュー。原則として特急ロマンスカー〈はこね〉〈スーパーはこね〉に運用されている。なお、50000形VSEは1度も増備されていない。

長野電鉄移籍後、「1000系」として再スタートを切った。

8月12日(金曜日)付で10000形HiSE第2・4編成が廃車され、長野電鉄に譲渡された。日本車輌製造で4両編成化、耐寒耐雪化などの改造を受けたのち、2006年12月9日(土曜日)にA特急〈ゆけむり〉で再デビュー。2011年2月26日(土曜日)からB特急〈ゆけむり〉の運用も始まった。

10000形HiSEフォーエヴァー

10000形HiSEは、残り2編成が引き続き特急ロマンスカーで活躍していたが、同年6月17日(金曜日)付で第3編成が廃車

引退後、3両保存されていたが、輸送力増強に伴う車両基地の収容力確保のため、2017年夏に2両解体。

された。残りは第1編成だけとなり、奮闘した。しかし、2012年3月16日(金曜日)で営業運転を終えた。

3月24・25日(土・日曜日)に海老名検車区で行なわれた『5000形・10000形・20000形お別れイベント THE LAST GREETING』が最後の晴れ姿となり、3つの車両が同時に引退するという、歴史の1ページを刻んだ。

ひとつの時代が終わったかの如く、7000形LSEは、現役2編成の車体塗装をオリジナルに戻した(2007・2012年に各1編成実施)。50000形VSEと共に数少ない展望室つき特急ロマンスカーとして、後輩10000形HiSEの分まで輝き続ける。

なお、7000形LSEは、70000形GSE(「Graceful Super Express」の略)の投入に伴い、2018年10月13日(土曜日)に引退する予定だ。

第3章 — 私鉄特急車両編

7000形LSEは、2018年7月10日(火曜日)に定期運行を終了。

70000形GSEは2017年11月に落成し、2018年3月17日(土曜日)にデビュー。

小田急電鉄 10000形HiSE ⇩

➡ 179

小田急電鉄 20000形RSE

営業運転終了から1年7か月の沈黙の末、富士急行へ

平成最初の小田急ロマンスカー20000形。

小田急20000形は「Resort Super Express」の頭文字をとり、「RSE」と名づけられた特急形電車だ。特急ロマンスカー〈あさぎり〉用（JR東海では「特急〈あさぎり〉」と案内）として開発されたが、就役から21年で営業運転を離脱した。

小田急電鉄の列車が国鉄御殿場線へ

　国鉄御殿場線の前身は東海道本線で、特急や急行が往来する大動脈だった。しかし、1934年12月1日（土曜日）に丹那トンネルが開通すると、東海道本線は御殿場経由から熱海経由に変わり、国府津―御殿場―沼津間は現在の「御殿場線」に改称された。1943年7月に複線から単線に変わり、現在に至る。

　戦後、静岡県御殿場市周辺が観光地として注目を集め、ゴルフ場の建設など開発が進んでいた。小田急は御殿場線直通列車を計画し、国鉄はその意を受け取った。

　1955年10月1日（土曜日）、小田急小田原（以下、小田急線）新松田付近―国鉄御殿場線松田付近間0.3キロの松田連絡線が開業し、新宿―御殿場間に特別準急〈銀嶺〉〈芙蓉〉が各1往復デビューした。「特別準急」というのは、小田急線内は特急運転、御殿場線内は準急を組み合わせたもので、両事業者の優等列車に対する定義が異なっている。

　なお、国鉄では「準急〈銀嶺〉」、「準急〈芙蓉〉」と案内していた。

　車両は小田急がキハ5000形を用意し、座席をボックスシートとした。気動車としたのは、当時の御殿場線は非電化だったことによる。このほか、車両だけではなく、乗務員も御殿場線に"直通"し、当時では異例の乗務体制だった。1956年6月にはキハ5100形が登場し、シートピッチの見直しが行なわれ、居住性の向上を図った。

　1959年7月2日（木曜日）、特別準急〈朝霧〉〈長尾〉が各1往復デビューし、特別準急〈銀嶺〉〈芙蓉〉を含め、新宿―御殿

場間は1日4往復となる。以来、松田連絡線を通る営業列車は、2012年3月16日(金曜日)まで、1日4往復態勢を維持した。

1968年7月1日(月曜日)、御殿場線全線の直流電化開業に伴い、直通列車の車両は、キハ5000・5100形から初代3000形SEに置き換え、列車愛称名も「特別準急〈あさぎり〉」に統一された。

10月1日(火曜日)の国鉄ダイヤ改正で準急の種別を廃止したため、特別準急〈あさぎり〉は、「連絡急行〈あさぎり〉」(国鉄では「急行〈あさぎり〉」と案内)に変更された(「特別急行」の略称は特急なので、「連絡急行」にしたものと思われる)。以降、23年にわたり初代3000形SEの活躍が続いた。

なお、キハ5000・5100形は、わずか十数年で御殿場線直通列車の任務を解かれたのち、関東鉄道に譲渡及び改造され、1988年まで活躍した。

国内鉄道史上初、特急のみの相互直通運転が決定

1964年に「御殿場線利用促進連盟」(のちに「御殿場線輸送力増強促進連盟」に改称)から特別準急〈銀嶺〉〈芙蓉〉〈朝霧〉〈長尾〉の沼津延伸を国鉄に要望した。その後、国鉄のほか、小田急にも要望したが、いずれも諸般の事情で連絡急行〈あさぎり〉の沼津延伸は実現しなかった。

1987年4月1日(水曜日)に国鉄が分割民営化され、御殿場線はJR東海の管轄となった。JR東海と小田急は、小田急線と御殿場線の直通運転について協議を進めた。そして、1988年7

→ 182

月に小田急は初代3000形SEの老朽化が進み、JR東海に新型車両の投入を打診した。

　JR東海との協議により、連絡急行〈あさぎり〉を特急に格上げ、片乗り入れから、国内の鉄道では史上初となる特急のみの相互直通運転に、運転区間も御殿場―沼津間延長、「相互直通運転車両の規格仕様に関する協定書」に基づいた新型車両を双方とも投入することが決定し、1989年8月8日(火曜日)に発表した。

　同年、JR東海は御殿場線の富士岡と岩波に行き違い設備を21年ぶりに復活させた。これにより、御殿場―裾野間に行き違い設備を有する駅が復活したことで、普通列車のダイヤに影響を与えることなく、特急の運転を可能にした。

20000形RSE登場

　1990年12月、20000形RSEが登場した。7両編成中、1・2・5〜7号車はハイデッカー、3・4号車はダブルデッカー(2階建て車両)とした。外観は大柄で、小田急ロマンスカー史上もっともボリューム感がある。

　車体は鋼製で、スーペリアホワイトをベースに、タヒチアンブルーとローズピンクをアクセントカラーとした。側窓の周りは黒で囲み、連続窓ふうに見せている。

　前面もフロントガラスの周囲を黒で囲み、センタピラーがない大型3次曲面ガラスの採用により、精悍さが増した。愛称表示器は初めて3色LEDを採用し、列車愛称はオレンジ、回送などは赤を用いた。側面のデジタル方向幕も3色LEDで、特

➡ 183

特急ロマンスカー〈あさぎり〉運行時。　　　　　特急ロマンスカー〈はこね〉運行時。

急ロマンスカー〈あさぎり〉運用時は列車愛称と行先を表示するのに対し、ほかの営業列車では列車愛称のみだった。

　制御装置は抵抗カム軸制御を採用し、主抵抗器は自然通風式から強制通風方式に変更した。御殿場線の9キロ続く登り25パーミル走行、箱根登山鉄道小田原─箱根湯本間の登り40パーミル走行にそれぞれ対応するため、なんらかのアクシデントにより1ユニットカットされた場合でも、運転が継続できる力を持っている。

　列車無線、保安機器は小田急とJR東海のものをそれぞれ搭載し、乗務員が交代する松田で切り替える。その際、切換ミスを防止するため、運転士がマスコンキーを差し込むと、両運転台の装置が切り替わる「OJ切替え装置」を開発し、相互直通運転が円滑に行なわれるようにした。

　最高速度は120km/h。JR東海の東海道本線で走行する場合に備え、増圧ブレーキ機能を付加した。

連接構造、展望室をとりやめる

　小田急はJR東海と締結した「相互直通運転車両の規格仕様

第3章 — 私鉄特急車両編

10000形HiSEの連接台車。

に関する協定書」に基づき、初代3000形SEから続いた連接構造、3100形NSE（「New Super Express」の略）から続いた展望室をとりやめたが、ハイデッカー構造を活かし、運転席を平屋車両と同じ位置にしたので、進行方向の最前列は簡易展望席となった。

ハイデッカー車の普通車。

小田急電鉄20000形RSE

➡ 185

普通車の座席は1・2号車、3号車1階、5〜7号車にあり、リクライニングシートを採用した。特急ロマンスカーでは、初めてリクライニングシートの背面にテーブルを設けたほか、向かい合せ利用を想定し、窓際に折りたたみ式のテーブルも装備した。

　ハイデッカーはすべて2人掛け、シートピッチ1000ミリに対し、3号車1階は、車体断面の関係で2人掛けと1人掛けとしたが、スペースの都合で荷棚を設置することができず、頭上に小型のハットラックを設けた。

4人用セミコンパートメント。

　4号車1階は、4人用セミコンパートメントを3室設置した。ソファーのシートモケットは、富士山麓をイメージしたグリーン系で、固定式テーブルを設けた。側窓はソファーの上にあるため、坐っていると車窓が眺めにくい難点があるものの、グループや家族連れにはうってつけの設備である。実はこの席、1人単位の販売システムという意外性もあり、1〜3人の利用も可能だった。

　なお、後述するスーパーシートも含め、ダブルデッカーは1

階席、2階席とも客室内に大型荷物置き場を用意し、座席頭上に荷棚が設置できなかった弱点をカバーした。

「小田急のファーストクラス」と銘打ったスーパーシート（グリーン車）

優雅なひとときを過ごせそうなスーパーシート。

ダブルデッカーの2階は、「小田急のファーストクラス」と銘打つスーパーシートで、2人掛けと1人掛けの座席が並び、シートピッチ1100ミリ、着座幅660ミリを誇る。テーブルは背面だけではなく、外側のひじかけにも内蔵した。

このほか、中央のひじかけに液晶テレビ（のちに撤去）、スチュワーデスコールボタン（平屋部分に販売カウンターがあり、乗客のコールを確認すると、すぐにスチュワーデスが駆けつける）、オーディオを設置。頭上には読書灯も装備し、客室内にマガジンラックを設け、「小田急のファーストクラス」の名に恥じないハイレベルな空間となった。

ダブルデッカー1階の非常口。

ダブルデッカー2階のマガジンラック兼非常口。

ダブルデッカーの非常ドア。

JR東海371系は、静岡運転所(現・静岡車両区)に配属されたため、運行エリアは意外と広かった。

第3章 — 私鉄特急車両編

マガジンラックには、ある仕掛けがある。それは非常用脱出口を兼ねており、1階部分に非常口があるのだ。このため、3・4号車の通り抜けは2階席しかできない。

なお、特急ロマンスカー〈あさぎり〉運用時では、「グリーン車」と案内し、JR東海に歩調を合わせた。

一方、JR東海は371系を用意した。当時、東海道新幹線のエースだった100系に準じた塗装なのが特徴だ。20000形RSEと大きく異なる点は、制御装置は界磁添加励磁制御（当時はJRグループ直流電車のスタンダードだった）、ダブルデッカー以外は平屋構造、セミコンパートメントがないので、編成全体の定員が6人多い408人となった。

20000形RSE、鉄道友の会ブルーリボン賞受賞

20000形RSEと371系は1991年3月16日（土曜日）にデビュー。特急ロマンスカー〈あさぎり〉を中心に、前者は特急ロマンスカー〈はこね〉〈さがみ〉、後者は〈ホームライナー浜松〉〈ホームライナー静岡〉〈ホームライナー沼津〉にも運用された。

特急ロマンスカー〈あさぎり〉は、20000形RSEと371系が各2往復充当された。ただし、371系は1編成しか存在していないため、検査時など2編成保有する20000形RSEが代走し、この体制は長く続いた。20000形RSE、371系は1度も増備されなかったのだ。

両社のハイグレードな特急形電車は甲乙つけがたいが、20000形RSEは、「海」（1〜3号車）、「山・樹木」（4号車）、「都会」（5〜

⇒ 189

終点沼津に到着した20000形RSE。

7号車)をテーマとした客室インテリア(客室すべてに絨毯を敷いた)などが評価され、1992年に鉄道友の会ブルーリボン賞を受賞した。

鮮烈なデビューと不況による衰退

　特急格上げ当初は満席列車が続出し、利用客が大幅に増え、成功したものと思われた。しかし、その後は不況などの影響により、小田急線と御殿場線をまたぐ利用客が減った。

　JR東海では2005年10月1日(土曜日)から御殿場―沼津間の6号車に限り、自由席(新宿―御殿場間は指定席)を設定したところ、自由席特急料金が大人310円という低価格だったせいか、利用客が多かった。蛇足ながら、同区間の指定席特急料金通常

期は大人820円である。

その後、2011年3月12日(土曜日)のダイヤ改正で車内販売が終了し、特急ロマンスカー〈あさぎり〉の衰退が顕著になった。

再び小田急の片乗り入れ運転へ

小田急電鉄20000形RSE

特急ロマンスカー〈あさぎり〉は、2018年3月17日(土曜日)のダイヤ改正で〈ふじさん〉に改称。

2012年3月17日(土曜日)のダイヤ改正で、特急ロマンスカー〈あさぎり〉は、運転区間を新宿―御殿場間に短縮、運転本数も平日3往復、土休4往復(1往復は新宿―相模大野間、特急ロマンスカー〈えのしま〉に併結)に、車両も全列車小田急60000形MSE(「Multi Super Express」の略)に交代し、再び片乗り入れとなった。乗務員の松田交代は継続されている。

特急ロマンスカー〈あさぎり〉の先代車両となった20000

形RSEは、登場からわずか22年で引退が決まり、アルファベッドのニックネームがつく特急ロマンスカー車両では、短命となった。

　一方、371系は波動用として残り、御殿場線や東海道本線の臨時列車を中心に活躍していたが、2014年11月30日(日曜日)運転の臨時急行〈御殿場線80周年371〉を最後に引退した。

富士急行で両雄が再会

　小田急は、2012年3月24・25日(土・日曜日)に海老名検車区で『5000形・10000形・20000形お別れイベント THE LAST GREETING』を開催した。引退する3車種の展示及び、車内見学ができるイベントで、大勢の来場者が名車の別れを惜しんだ。

　20000形RSEの第1編成は8月3日(金曜日)付で廃車、第2編成はしばらく残留したのち、小田急と富士急行は2013年10月11日(金曜日)に富士急行譲渡を発表し、再びその雄姿が見られることになった。

　譲渡後、3両編成化改造を受け、2014年7月12日(土曜日)に8000系2代目〈フジサン特急〉として再デビュー。

引退後、3両保存されていたが、輸送力増強に伴う車両基地の収容力確保のため、2017年夏に1両解体。

その後、371系も富士急行に譲渡。同様の改造を受け、2016年4月23日(土曜日)に8500系〈フジサンビュー特急〉として再デビュー。富士山の静岡県側から、山梨県側にコンバートされる形で両雄が再会できたのは、奇跡である。

特急〈フジサン特急〉のエクステリアデザインは、楽しさがあふれる（提供：富士急行）。

特急〈富士山ビュー特急〉は、デラックスを強調したデザインに（提供：富士急行）。

名古屋鉄道、会津鉄道キハ8500系
大手私鉄から第3セクターへ

野岩鉄道川治温泉で快速同士による行き違い。

キハ8500系は名古屋鉄道(以下、名鉄)の特急〈北アルプス〉用として投入されたが、先代車両から引き継いでから、わずか10年で廃止となった。2002年に会津鉄道で再スタートを切ったが、わずか8年で後継車両にバトンタッチされた。

特急〈北アルプス〉先代車両キハ8000系、キハ8200系

　国鉄と名鉄との相互直通運転は、1932年10月8日(土曜日)に始まり、普通列車として11年間続いていたが、太平洋戦争の戦局の悪化で1943年に休止した。

　22年後の1965年8月5日(木曜日)にキハ8000系を新製投入し、準急〈たかやま〉として神宮前―高山間を結んだ。キハ8000系は冷房つき、転換クロスシートという、当時としてはハイグレードな準急車両で、1966年に鉄道友の会ブルーリボン賞を受賞した。

　同年3月5日(土曜日)、国鉄は運賃値上げとともに、100キロ以上を走行する準急を急行に格上げしたため、「準急〈たかやま〉」から「急行〈たかやま〉」に改称された。1966年12月1日(木曜日)から運転区間を神宮前―飛騨古川間に変更し、スキー客の便宜を図る。当初はスキーシーズンのみの飛騨古川延長だったが、1967年3月20日(月曜日)から定期化されている。1969年には地鉄直通に備え、キハ8200系が登場した。

　1970年7月15日(水曜日)、急行〈たかやま〉は〈北アルプス〉に改称され、運転区間も夏季のみ飛騨古川―立山間の延長運転を実施。神宮前―国鉄高山本線合流地点までは名鉄、高山本線合流地点―富山間は高山本線、富山―立山間は地鉄の路線で、〈北アルプス〉という名にふさわしい282.5キロの壮大なルートである。

　それだけではない。地鉄でも特急〈宇奈月〉などに充当され、"夏季の風物詩"としてアルペンルートを支えた。

1976年10月1日(金曜日)、急行〈北アルプス〉は車両ごと特急に格上げ。その後、1984年7月1日(日曜日)をもって地鉄直通を廃止。1985年3月14日(木曜日)から運転区間を神宮前―富山間、1990年3月11日(日曜日)から神宮前―高山間にそれぞれ短縮された。車両もキハ8200系のみとなり、かつての勢いは影をひそめていた。

名鉄は特急〈北アルプス〉用新型車両の早期投入を考えていた

　1987年4月1日(水曜日)の国鉄分割民営化により、高山本線岐阜―猪谷間はJR東海の管轄になった。名鉄はJR東海に新型車両の投入を申し出たが、JR東海もキハ80系というベテラン車両を抱えており、今すぐ了承というわけにはいかなかった。

　1989年3月11日(土曜日)、JR東海は新型車両キハ85系を特急〈ひだ〉の一部に投入した。海外のカミンズエンジンを採用し、350PSのディーゼルエンジンを1両につき2台搭載。一方、キハ80系は、180PSのディーゼルエンジンを1両につき1台しか搭載していないので、性能面では大幅に差がついていた。

　1990年3月11日(日曜日)のダイヤ改正でキハ80系が撤退し、急行〈のりくら〉の特急格上げによる増発とともに、スピードアップが実現。〈ひだ〉は「特急」から"国鉄の花形特急"ともいえる「エル特急」となった。1996年7月25日(木曜日)から列車愛称も〈(ワイドビュー)ひだ〉となる(注、2018年3月17日〔土曜日〕のダイヤ改正で、JRグループは「エル特急」の呼称を廃止)。

　エル特急(現・特急)〈ひだ〉に比べ、特急〈北アルプス〉はス

第3章 ― 私鉄特急車両編

JR東海キハ85系は、"ワイドビュー車両"の嚆矢。

ピード、居住性の面で大幅に差がついてしまい、新型車両の投入が急務になった。名鉄はJR東海との協議を急ぎ、特急〈北アルプス〉用の新型車両投入が晴れて決まった。それがキハ8500系である。

キハ8500系登場

1991年1月に先頭車4両、中間車1両の計5両が登場し、キハ8200系に比べ、車体長と車体幅は若干大きい。だが、キハ85系に比べると、車体幅は若干狭いため、床下機器の艤装に苦労したという。なお、車体の長さはキハ8500系のほうが若干上。

ディーゼルエンジンは、キハ85系と同じカミンズエンジン

特急〈北アルプス〉の2代目車両、キハ8500系。(撮影:RGG)

を採用。加えて運転機器の取り扱いもキハ85系と同じなので、JR東海の乗務員は戸惑わなかったという。

　車体は名鉄の既存車両と同じ鋼製で、アイボリーホワイトを基調に、マスタードイエローの太帯、グリーンの細帯がアクセントカラーとなっている。前面と車体側面の窓回りをダークマルーンに塗り、連続窓ふうに見せた。車体側面の窓回りに限っては、その下にグリーンの細帯を入れた。

　客室の座席は淡いベージュのリクライニングシートを採用し、先頭車の最前列では前面展望ができる。特に進行方向右側の最前列は、心ゆくまで楽しめる。

　カーテンは閉めても外が見えるスパッターカーテンを採用し、日差しがきつい時でも車窓が楽しめる工夫をした。このほか、煙草やディーゼルエンジンの排気臭などのニオイを防ぐため、空気清浄器を設置。乗降用ドアは密閉性に優れた折戸、側

窓は複層ガラスを採り入れ、床も二重構造にして騒音対策を図った。

キハ8500系は3月16日(土曜日)にデビュー。スピードアップによる所要時間短縮の

キハ8500系のリクライニングシート。

ほか、美濃太田―高山間は臨時エル特急〈ひだ83・88号〉に併結するダイヤが組まれた。

特急〈北アルプス〉フォーエヴァー

特急〈北アルプス〉は、1997年4月5日(土曜日)から新名古屋(現・名鉄名古屋)―高山間の運転に変更。その後、1999年12月4日(土曜日)から、美濃太田―高山間はエル特急〈(ワイドビュー)ひだ7・18号〉と毎日併結し、特急〈北アルプス〉の存在感が薄れた。

年間利用客数を見ると、1996年度は約4万人を記録していたが、2000年度には約23000人に減少。加えてJR東海は車両使用料の支払い、それを受け取る名鉄は、車両整備費用等で採算が合わない事態となってしまう。

追い打ちをかけるかの如く、2000年10月7日(土曜日)、東海北陸自動車道荘川インター―飛騨清見インター間の延伸によ

犬山線から高山本線へ。

り、高速バス〈ひだ高山〉名鉄バスセンター―高山濃飛バスセンター間の運転が開始された。JR東海バス、名鉄バス、濃飛乗合自動車による共同運行で、JR東海と名鉄は高速バスでタッグを組む展開となったのである。

　名鉄は特急〈北アルプス〉利用客の減少が続き、右肩上がりが見込めないため、2001年9月30日(日曜日)限りの廃止を決めた。その後、2004年春までに不採算路線の全線及び一部区間を廃止させ、気動車運転が消滅した。

会津鉄道へ移籍

　特急〈北アルプス〉の廃止により、登場からわずか10年で戦力外となったキハ8500系の去就が注目されると、会津鉄道

会津鉄道移籍後のキハ8500系。

　が名鉄に"獲得"を申し出た。会津鉄道はAT－150形一般車1両の代替等として、観光列車用の車両導入を検討していたのだ。それとともに、会津地方―首都圏間の所要時間短縮を図りたいという夢を描いていた。

　名鉄はキハ8500系の会津鉄道譲渡を決めた。点検整備をしたのち2001年12月下旬に"引っ越し"を行ない、12月24日(月曜日・振替休日)、会津鉄道の一員になった。譲渡に際しては、車両番号、塗装、客室は特に手を入れず、そのままの状態となった。

　会津鉄道は2002年1月23日(水曜日)、キハ8500系の列車愛称を一般公募により、〈AIZUマウントエクスプレス〉に決定した。2両編成で運転し、中間車1両は増結用予備車となる。

　3月23日(土曜日)より、快速・普通列車〈AIZUマウントエクスプレス〉が会津路を颯爽と駆け抜け、会津鉄道のエースに躍

り出る存在となった。

　2003年10月4日(土曜日)から快速〈AIZUマウントエクスプレス〉の運転区間を土休に限り、JR東日本磐越西線会津若松—喜多方間を延長したほか、会津鉄道としては初めて、キハ8500系の中間車を編成に組み込んだ。名鉄時代は3両編成が基本だったので、その雄姿が復活したのだ。

　2005年3月1日(火曜日)、会津鉄道にとって長年の夢だった東武鬼怒川線鬼怒川温泉—新藤原間、野岩鉄道(以下、野岩)会津鬼怒川線全線に直通し、キハ8500系が関東地方に顔を出した。特急スペーシア〈きぬ〉接続列車にすることで、"快適性が持続する乗り継ぎ"をアピールしたのだ。

　なお、快速〈AIZUマウントエクスプレス〉の運転区間拡大にともない、浅草—会津田島間の急行〈南会津〉が廃止された。

　蛇足ながら、東武、野岩とも旅客用気動車を保有していないので、会津鉄道の乗務員が全区間乗務する。気動車を運転するには、甲種内燃車の免許を取得しなければならないためだ。

会津田島で2代目車両にバトンタッチ

　会津鉄道に移籍して、末永く活躍をするものと思われたが、2007年3月31日(土曜日)付で、中間車1両が部品取り用のため廃車された。残る4両は引き続き活躍を続けていたが、新製から20年未満であるにもかかわらず、ディーゼルエンジンの老朽化が進んでいた。キハ8500系は最高速度120km/hという高速運転用の車両で、会津鉄道では性能を持て余していたからだ(旧国鉄簡易線規格のまま、JR東日本から鉄道事業を引き継いだため)。加

→ 202

第3章 — 私鉄特急車両編

会津鉄道での営業運転は、わずか8年で終了。

えて、こまめに停まるダイヤのため、トルクコンバーターなどの負担が大きくなっていたという。

私が2010年4月10日(土曜日)に乗車した際は、車体が傷んでおり、車内に入ると、観光情報コーナーのパンフレットラックはほとんどカラ、清涼飲料水の自動販売機は販売中止、洗面所は水が故障し、ボロボロの状態だった。

5月30日(日曜日)、キハ8500系は喜多方12時27分発の快速〈AIZUマウントエクスプレス〉が最後の営業運転となった。本来は鬼怒川温泉へ向かうが、会津田島で2代目車両となるAT－700・750形がキハ8500系の到着を待っていた。

この日、会津田島では「AIZUマウントエクスプレス新旧交代セレモニー」が行なわれ、キハ8500系はここで営業運転を終了。乗客はAT－700・750形に乗り換え、会津高原尾瀬口・鬼怒川温泉方面へ向かった。その後、キハ8500系は会津田島車両基地に移り、車両撮影会を開催。会津鉄道職員やレールファンらは、19年という短い現役生活の労をねぎらった。

AT-700・750形は、乗車券のみでリクライニングシートの快適な旅が楽しめる。

　なお、AT-700形、AT-750形は、キハ8500系に比べ、車体長が約2メートル短いため、座席定員も大幅に減った。キハ8500系の先頭車は60人、中間車は68人なのに対し、AT-700形は39人、AT-750形は35人である。

サヨナラ運転中止後、新天地へ

　営業運転終了後、キハ8500系は会津田島車両基地に留置されていたが、同年6月13日(日曜日)深夜に2両が会津下郷の側線へ移った。7月31日(土曜日)に会津田島車両基地で、キハ8500系の車内で昼食会が開催された。現役引退後もなんらかの動きがあり、今後に注目していた人が多かったと思う。

第3章 — 私鉄特急車両編

　その後、会津鉄道はキハ8500系4両をオークションというカタチで売却することに決めた。売却前の2011年3月26・27日(土・日曜日)に、会津田島でキハ8500系が体験運転できるイベントを企画した。これが本当のサヨナラ運転になるはずだったが、3月11日(金曜日)に発生した東北地方太平洋沖地震(東日本大震災)の影響で中止され、ディーゼルエンジンが再び躍動することはなかった。

　オークションの結果、キハ8501・8504は那珂川清流鉄道保存会、キハ8502・8503は個人がそれぞれ引き取った。その後、個人所有者の厚意により、キハ8503は福島県会津若松市の観光施設『やすらぎの郷 会津村』で展示されていた。

　キハ8500系に再び大きな動きが2015年8月にあり、キハ

那珂川清流鉄道保存会は、SLや客車など、多数の車両を保存。(撮影：那珂川清流鉄道保存会)

名古屋鉄道、会津鉄道キハ8500系

➡ 205

8502・8503が日本を離れ、長い航海の末、マレーシアへ渡る。現地で改修工事が行なわれたのち、12月にサバ州立鉄道に納入された。日本の気動車が5年のブランクを経て、海外で復活するのは今まで例がない。末永い活躍を期待したいものだ。

サバ州立鉄道移籍車は、2016年10月17日(月曜日)に営業運転を開始。(提供：華盛交易)

第4章―JR通勤・近郊車両編

JR東日本207系

JR東日本E501系

JR西日本213系

JR東日本207系

国鉄最後の新型通勤形電車

JR東日本の207系は、僚友かつ先輩の203系より早く引退。

国鉄は1979年以降、電機子チョッパ制御の201系、203系、界磁添加励磁制御の205系、211系といった省エネ車両を投入した。207系はその"決定版"として登場したかに思われた。

第4章 ― JR通勤・近郊車両編

国鉄VVVFインバータ制御車の原点は101系

　VVVFインバータ制御(VVVFというのは、「Variable Voltage Variable Frequency control」の略。可変電圧可変周波数)というのは、主電動機の交流モーターを制御する方式の電車である。例えば、直流形電車の場合、電流を三相交流に切り替え、電圧と周波数を変えながら、交流モーターの回転を制御する。チョッパ制御や抵抗制御等に比べ、整流子とカーボンブラシが不要なので保守が容易という利点がある。

　このほか、編成中の電動車(M車)数を削減することで、編成全体の軽量化や消費電力の低減にもつながっている。

　さて、国鉄は1984年度からVVVFインバータ制御車の実用化に乗り出し、1985年に101系2両に白羽の矢を立て、浜松工場で試験車に改造した(種車の101系は、クモハ101-60とモハ100-35で、その隣に145系を連結させた)。12月と1986年1月の数日間において、浜松工場試運転線と東海道本線静岡―豊橋間で現車実験を行なったところ、良好な結果を得た(1月22日に現車実験が終了し、わずか3日後の1月25日に種車の101系2両が廃車された)。

　そこで、国鉄は旅客用のVVVFインバータ制御車を常磐緩行線(綾瀬―取手間)及び営団地下鉄千代田線向けに投入することを決めた。

➡ 209

国鉄最初で最後の旅客用VVVFインバータ制御車

　1986年11月10日(月曜日)夜半、国鉄最初で最後の旅客用VVVFインバータ制御車となる207系が配属先である松戸電車区(現・松戸車両センター)に到着した。

203系は、2011年9月26日(水曜日)に営業運転を終了。

　当時の常磐緩行線は、1985年3月から1年かけて203系100番代を投入し、103系1000番代の常磐快速線コンバートが完了した(注、一部の車両は105系化改造を受けた)。常磐緩行線と相互直通運転を行なう営団地下鉄千代田線綾瀬―代々木上原間は、すべて省エネ車両に統一されたのである(当時、北綾瀬―綾瀬間の営業列車は、抵抗制御車両で運転)。

第4章 ── JR通勤・近郊車両編

JR東日本207系

「900番代」は試作車の証。

　207系は試作車ということで、「900番代」となった。国鉄時代から試作車は、「900番代」もしくは「9000番代」と名乗ることが多く、一種の代名詞といえる。国鉄が分割民営化され、JRグループになってからも、"試作車イコール900もしくは9000番代"とする車両もある。

　エクステリアは、205系をベースに非常用貫通扉をつけた前面デザインで、前述したとおり千代田線直通に対応し、運転台は203系を踏襲している。登場した当初、速度計は黒地白文字だったが、のちに千代田線の新CS－ATC化（「CS」はCab Signal：車内信号機式）にともない、白地黒文字に交換された。

　ロングシートは、201系から続く、ブラウンを基本に、7人掛けの中央席はオレンジにして、定員着席を促すものだった。のちにシートモケットは、水色を基本に着席区分が表示されたJR東日本タイプ、先頭車の運行番号表示器は幕式からデジタル式にそれぞれチェンジした。

　一部の車両に設定していたシルバーシートについては、各車両に優先席を設定する方針に変更したため、シートモケットを更新した。外観については、車端部に転落防止用の外幌を取りつけた。

　VVVFインバータ制御は、主電動機に誘導電動機を使用しているため、チョッパ制御よりも出力が大きい利点があるので、編成中の電動車の数を減らすことができる。だが、207系は営団地下鉄との相互乗り入れ協定により、高い加速度(3.3km/h/s)

➡ 211

と減速度(常用ブレーキ3.7km/h/s、非常ブレーキ4.7km/h/s)が要求されているため、203系と同じ6M4Tとした。仮に平坦な路線に投入する場合は、MT同数比(10両編成だと5M5T)で充分だという。

207系先頭車の車内。

203系と異なるのは、車体がアルミから軽量ステンレスに変わったこと、ATC関係機器を床下に搭載したので、乗務員室と客室のあいだの仕切り窓を2つ増やした。夜間と千代田線以外は、前面展望ができるチャンスを拡大させたのである(203系は乗務員室内にATC関係機器があるため、乗務員室へのドアのみ窓を設置)。側窓は「田」の字式から一段下降式に変えており、スッキリとした車内空間となった。

JR東日本は207系を1度も増備せず

207系は国鉄時代の1986年12月29日(月曜日)にデビューし、

1987年4月1日（水曜日）から車両の所属が国鉄からJR東日本に変わった。JR東日本の1980年代は、国鉄末期に登場した205系と211系2000・3000番代（いずれも界磁添加励磁制御。グリーン車のみ基本番代）、415系1500番代（抵抗制御）の増備を引き継ぎ、輸送力増強、老朽車両の置き換え、冷房サービスの推進を行なった。

　結局、JR東日本は207系量産車の投入計画が1度もなかった。"高価で新参者"のVVVFインバータ制御よりも、"実績"の界磁添加励磁制御、抵抗制御を選んだ恰好だ。

　仮に207系量産車を営団地下鉄東西線直通用として投入した場合、301系、103系1000・1200番代を置き換えていたと思う。この2形式は冷房改造と一部編成の客室リニューアル（当時の鉄道誌は「アコモ改善」、「アコモ改造」と称していた）により、2003年夏まで活躍した。

　JR東日本の207系は試作車のみにとどまったが、同業他社に影響を与えていた模様だ。

　営団地下鉄では、1990年9月に6000系の増備を終了したあと、1992年12月に06系が登場した。1995年度から十数年間は既存の6000系を電機子チョッパ制御からVVVFインバータ制御に換装させている。同じく千代田線と相互直通運転を行なう小田急電鉄も、1988年1月にVVVFインバータを採用した1000形が登場した。JR東日本も1999年8月に209系1000番代が登場し、輸送力増強に備えた。

　JR東日本がVVVFインバータ制御を初導入したのは、1992年2月28日（木曜日）に川崎重工業兵庫工場で報道公開された『STRA21』こと952・953形（新幹線高速試験電車）と901系（のちの209系900番代）である。

量産車はJR西日本

JR西日本の207系は、2003年8月まで484両投入された。

　JR東日本が205系、211系2000・3000番代の増備を進めている中、JR西日本は1991年1月に207系通勤形電車を世に送り出す。"JR東日本は207系に量産化の兆しがない"とJR西日本が判断したのか、スキをついたようなものである。JR西日本207系はJR東日本207系をベースにしておらず、"221系の通勤形電車バージョン"という感じだ。

　JR東日本207系と共通しているのは、軽量ステンレス車体、非常用貫通扉つき、VVVFインバータ制御などである。異なる点として、通勤形電車では初めて近郊形電車と同じワイドボディーを採用した。JR東日本の通勤形電車でワイドボディーを採用したのは209系500番代で、JR西日本207系より8年

遅れての導入となる。

　JR西日本207系は321系が登場するまで、11年間量産が続けられたため、番代区分されている車両も多い。車内はロングシートで、一部の乗降用ドア上にはLEDによる旅客情報案内装置を設置。221系に比べサイズが小さく、223系にも踏襲した。

　ロングシートはバケットタイプではないため、長いタイプは7人掛けだが、"ゆとりの6人掛け"になってしまうことがある。20世紀の関西ではバケットタイプのロングシート導入を見送る鉄道事業者が多かったが、21世紀に入ってからは、大阪市交通局、京阪などで方針を変えている(参考までに、JR西日本の転換クロスシートは、バケットタイプを採用)。後継の321系では、バケットタイプのロングシートにして、長いタイプを6人掛けにしたが、着席区分がはっきりしておらず、イマイチな面がある。

　私は207系を"試作車はJR東日本、量産車はJR西日本"とみなしている。

VVVFインバータ制御車が廃車される時代に

　JR東日本は2007年3月6日(火曜日)、E233系2000番代を2008年夏頃にデビューすることを発表し、国鉄時代から活躍している203系、207系を置き換えることになった。203系はアルミ、207系はステンレスなので、20年以上たってもボディーの腐食はほとんどないことが多いのだが、JR東日本首都圏では車両の世代交代が急速に進み、常磐緩行線にもメスが入ることになった。

➡ 215

E233系2000番代。JRの車両では唯一、他社線で定期の急行と準急を運行する。

　E233系2000番代は当初の予定より1年遅れ、2009年夏に登場した。最初の置き換えの対象となったのは、203系より若い207系だった。特殊な機材や部品の入手が難しく、修理や保全が難しい状況となったためである。

　207系は9月3日(木曜日)以降、予備車として松戸車両センターに留置された。9月9日(水曜日)にE233系2000番代がデビューすると、207系試作車は"休業"を基本としつつ、まれに営業運転をこなす日があった。定期運転を終えたのは、10月15日(木曜日)である。

　11月17日(火曜日)、尾久車両センターへ回送され、2日後に松戸車両センターに帰還した。翌日、JR東日本の旅行代理店、びゅうは14時からインターネット予約限定で、12月5日(土曜日)運転の団体列車「ありがとう207系の旅」を発売したところ、1時間もしないうちに完売した。

　207系最後の列車は、松戸—取手間往復で実施した。当日は

第4章 — JR通勤・近郊車両編

多数のレールファンが駆けつけ、207系の雄姿を目に焼きつけた。

その後、松戸車両センターで年を越し、2010年1月5日（火曜日）、長野総合車両センターに配給輸送された。207系は自力で走ることができず、EF64形1031号機に牽いてもらった。

長野総合車両センター到着後、207系試作車は廃車解体され、24年の歴史に幕を閉じた。

JR東日本207系フォーエヴァー。

たった1編成でも、人々の記憶に残る車両だった。

➡ 217

なお、207系の廃車はJR西日本で先に行なわれている。それは2005年4月25日(月曜日)に発生した福知山線塚口—尼崎間の脱線衝突事故で、4両が使用不能となったためである。

　207系は“国鉄が種をまき、JR西日本が花を咲かせた車両”と言える。

　さて、VVVFインバータ制御同士による車両の置き換えは、207系から始まったわけではない。

　一部を紹介すると、JR東日本では、2007年12月22日(土曜日)から3年かけて、京浜東北線209系をE233系1000番代に、JR東海とJR西日本では、7月1日(日曜日)から5年かけて、東海道・山陽新幹線300系をN700系にそれぞれ置き換えた(JR西日本は各系とも3000番代)。209系は一部が廃車となり、300系については、2012年3月16日(金曜日)で22年の歴史に幕を閉じた。このほか、VVVFインバータ制御を採用した高速試験車両も役目を終えると、廃車の道を歩んでいる。

　初期のVVVFインバータ制御も転換期が訪れ、熊本市交通局8200形、大阪市交通局2代目20系、近畿日本鉄道(以下、近鉄)7000系などは機器を更新し、カン高い音(GTO素子)から静かな音(IGBT素子)に変わっている。また、小田急1000形は大容量フルSicパワーモジュール適用に換装された。

　一方、東京急行電鉄(以下、東急)7700系の一部は、2002年7月に十和田観光電鉄に移籍した(現在は大井川鐵道に在籍)。VVVFインバータ制御車が中小私鉄に進出する初のケースとなった。その後、東急多摩川線、池上線用として、2007年に2代目7000系が登場した際、1000系の一部は上田電鉄、伊賀鉄道、一畑電車、福島交通にそれぞれ移籍した。今後も地方私鉄のVVVFインバータ制御車購入が続くだろう。

VVVF インバータ制御は現在も高価だが、国土交通省は減価償却費や固定資産税等に優遇措置を設けており、導入しやすい環境を整えている。

JR東日本E501系
日本初の交直流通勤形電車

常磐線いわきで発車を待つE501系基本編成。

常磐線首都圏区間では、ラッシュ時の混雑を緩和させるため、415系ロングシート車(500・1500番代)、2階建て普通車(クハ415-1901)の投入、103系の15両編成化(基本編成10両+付属編成5両)を行なった。E501系は混雑緩和策の一環だけではなく、103系、415系の置き換えをにおわせていた。

第4章 ── JR通勤・近郊車両編

「青電」と「白電」

初代千代田線直通車の103系1000番代。203系投入後は常磐線快速などにコンバートされた。

JR東日本の415系鋼製車。のちにステンレス車体の1500番代共々、E531系に置き換えられた。

JR東日本E501系

➡ 221

常磐線沿線在住者は、快速を「青電」、普通電車を「白電」と呼んでいた。

　快速は、エメラルドグリーンの103系(1000番代も含む)で、どう見ても青に見えない。市販の時刻表では、常磐線の快速を「青色の電車」と明記していたことや、色名称が「青緑1号」のため、「青電」という名が定着したと考えられる。

　普通電車は415系などをさしている。登場した当時は、ローズピンクを基調とした塗装だった。1983年に茨城県筑波郡(現・つくば市)で国際科学技術博覧会(通称、科学万博)の開催(1985年3月17日〔日曜日〕から9月16日〔月曜日・敬老の日〕まで)が決まると、アイボリーホワイトをベースに、青い帯を巻く塗装に変更し、「白電」と呼ばれるようになった。1986年に登場した415系1500番代は、軽量ステンレス車体無塗装でも「白電」と呼ばれていた。

　常磐線取手以北の沿線在住者は、白電に乗らざるを得ない。取手―藤代間で、直流電化と交流電化の境界を意味するデットセクションがあるからだ。茨城県新治郡八郷町(現・石岡市)に気象庁地磁気観測所が存在し、直流電化のままだと、その電流によって、自然の地磁気に影響が出る恐れがあるため、藤代付近から北を交流電化にしたのだ。

　取手を境に車窓は、「街」と「町」に分かれる。町の部分も沿線の宅地開発により、人口が増え利用客も増えた。茨城県や沿線自治体などは長年にわたり、青電の取手―土浦間延長運転を国鉄、のちのJR東日本に要望し続けていた。

　JR東日本は、ついに要望を受け入れ、新しい青電の投入に着手した。それがE501系だ。

基本編成は遅れて登場

　E501系は1995年3月、日本初の交直流通勤形電車として登場した。当時は15両投入することになり、基本編成(1〜10号車)は川崎重工業、付属編成(11〜15号車)は東急車輌(現・総合車両製作所)にそれぞれ発注した。ところが前者は1月17日(火曜日)5時46分、兵庫県南部地震(阪神大震災)に遭遇し、落成が2か月遅れてしまう。

　前面は209系とほぼ同じだが、車体腰部の帯はエメラルドグリーン(青緑1号)とホワイトのツートンカラーとした。エメラルドグリーンのみだと、"沿線の人々は、「取手以北に行かない電車」という認識を持つ"、もしくは、"各駅停車誤乗(203系、207系は、無塗装車体にエメラルドグリーンの帯を巻いていた)"を恐れたのか、交流電化区間に直通する白を加えたのだろう。

　運転台の主幹制御器は、左手操作のワンマスコンハンドルで、踏切事故に備え、衝撃吸収材つきとした。このほか、右手操作の勾配起動スイッチを設け、"坂道発進"の際、後退を防いでいる。

　先頭車後位の連結装置は、衝突時に発生する1両目と2両目(1号車と2号車、9号車と10号車、11号車と12号車、14号車と15号車)の衝撃エネルギーを吸収するため、緩衝装置を設けた。この装置はE217系から採り入れている。

　最高速度は120km/h運転が可能な性能を持っているが、ボルスタレス台車にヨーダンパ(蛇行動による乗り心地の悪化を防ぐ装置)を装備していないこと、ほかの車両は最高速度100 km/hも影響したのか、営業運転では110km/hまでとした。曲線通過

速度は本則＋15km/hとしている。基本的にATC区間、狭小トンネル区間以外の電化区間で運転可能だ。

　主回路システムは、シーメンス社（ドイツ）のシステムを採用し、主変換装置を用いたVVVFインバータ制御により誘導電動機を駆動する。発進するときは「ドレミ♭ファソラシ♭ドレー」、停止や停車するときは「ラーッ、ソファミ♭レドシ♭ラソファミ♭レド」と"演奏"する。シーメンス社のVVVFインバータ制御は、京急2100形、2代目1000形の一部でも採用された。加速度、減速度がE501系と異なるせいか、奏でるテンポが速い。

　交流電化と直流電化の切り替えは、旅客営業用車両初の自動式となった。ATS－Pのトランスポスタ機能を利用し、地上に設置した交直セクション検知用地上子(無電源地上子)から、交直切り替え情報を受信することにより、自動で切り替わる。自動切り替えに失敗した場合や、ATS－Pを導入していない路線の走行に備え、手動で切り替えることもできる。

E501系の車内は、209系に準拠。

➡ 224

車内はロングシートで、座面の青は霞ケ浦の景観、背もたれの緑は平野をイメージしている。室内灯はインバータつきの直流電源タイプとなり、交流電化と直流電化の切り替え時でも一定時間消灯しない。ただし、空調と乗降用ドア上のLED式旅客情報案内装置は、電源が切れる。

交流電化と直流電化の自動切り替えと、インバータつき直流電源タイプの室内灯は、その後、交直流電車の基本となった。

E501系は、勝田電車区(現・勝田車両センター)に配属されたが、検査時以外は土浦運輸区に常駐する体制をとった。

「普通電車」としてデビューしたE501系

E501系は、1995年12月1日(金曜日)にデビュー。当時は車内にトイレがないため、上野—土浦間の限定運用で、車掌は「トイレの設備がございません」と案内していた。

E501系の営業列車は、基本的に行先のみ表示。

「快速＋行先」も用意されたが、幕回しだけで終わった。

　"新型青電"のE501系は、快速ではなく普通電車としての運行で、上野で折り返す際は、車内の整備点検が行なわれていた。首都圏の通勤形電車では異例のことである。

　当時の常磐線普通電車は、朝と夕ラッシュ以降に限り、三河島、南千住を通過していた。快速は終日停車するので、普通電車が格上なのだ。

　方向幕には、普通電車を示す「上野」、「松戸」、「我孫子」、「取手」、「土浦」などのほか、快速運用に備え、「快速上野」、「快速松戸」、「快速我孫子」、「快速取手」なども入っていた。将来は快速用の103系を置き換える青写真があったのかもしれない。

　当初、ラッシュ時は15両編成、日中は10両編成で運転していたが、土浦運輸区で増解結作業をするのがめんどうなのか、いつしか終日15両編成化された。

➡ 226

第4章 ― JR通勤・近郊車両編

E501系登場を機に、常磐線の イメージアップに動いた茨城県

　JR東日本は、1997年3月22日(土曜日)のダイヤ改正に向け て、E501系基本編成、付属編成ともに各3編成を増備した。 朝ラッシュ時の普通電車では、E501系を集中的に投入し、 415系で運転する通勤快速の増発とともに、混雑緩和を図って いる。

　当時、茨城県6市町や経済団体は、常磐線のイメージアップ を目的とした上野―土浦間の路線愛称を募集したところ、 7027通が届いた。茨城県外から3180通、国外から2通届くほ ど常磐線への関心が高かったのである。

　茨城県6市町や経済団体は、5月13日(火曜日)に選考結果を 発表した。

　7027通中、もっとも多かったのは「霞ケ浦線」(313通)だっ た。選考委員会は、"茨城県南各都市を通過する"という意味の 「京浦都市線」を採用した。しかし、JR東日本水戸支社は、「常 磐線は住民に定着している」ことを理由に受け入れなかった。

E501系投入以前から不便だった 普通電車のダイヤ

　E501系の増備により、"近い将来、上野―取手・土浦間の 快速が車種統一されるのでは"と考えられた。ところが増備は 同年の1回だけで終わった。

➡ 227

実はE501系投入前から、常磐線の日中ダイヤに難点があった。上下線とも、終点土浦で始発電車に乗り換えるという、手間のかかる乗り継ぎが数本存在していたのである。当時の常磐線普通電車(上野―土浦間)は、7・8・11・12・15両編成のいずれかで運転されていた。土浦から北は15両編成の運転がなく、"首都圏ではない"ことを意味する。

　1999年12月4日(土曜日)のダイヤ改正で日中の土浦の乗り換えが若干改善され、2000年3月11日(土曜日)のダイヤ改正でほぼ解消された。ところが現在(2018年3月17日ダイヤ改正時点)の日中ダイヤは、後述するE531系にグリーン車が連結されたことが影響しているのか、終点土浦で始発電車に乗り換えるパターンが若干存在する。

地味な存在となったE501系

　2001年11月、常磐線、成田線用のE231系通勤形タイプが落成した。E501系に比べると、拡幅ボディーの採用により1両あたりの定員が増加したばかりではなく、自動放送装置の搭載(のちにE501系も搭載された)、LED式旅客情報案内装置の充実を図られた。ロングシートの布地も肌触りがいい。

　当初、車体腰部の帯はエメラルドグリーンとしたが、2002年3月3日(日曜日)にデビューした際には、黄緑帯を追加していた。乗客が203系、207系などの各駅停車に乗り間違えないことを防ぐ目的で変更したのだろう。

　E231系通勤形タイプの登場により、"青電全列車の土浦延長"はほぼ白紙となった。

➡ 228

第4章 — JR通勤・近郊車両編

103系快速置き換え用として、E231系通勤形タイプを投入。

JR東日本E501系

2004年3月13日(土曜日)のダイヤ改正で、常磐線普通電車は、三河島、南千住に終日停車となり、快速同然となった。続いて、10月16日(土曜日)から普通電車の上野—取手間は快速に"昇格"した(ただし、JR東日本ホームページの駅時刻表では、列車種別を全区間「普通」と案内している)。

2005年3月、E531系が登場し、415系鋼製車を置き換えることになった。最高速度は特急〈スーパーひたち〉〈フレッシュひたち〉(現・〈ひたち〉〈ときわ〉)と同じ130km/h、ロングシート1人分の着座幅を460ミリ(E231系通勤形タイプは450ミリ)に若干広げ、吊り手は二等辺三角形とした。415系鋼製車では、セミクロスシート車とロングシート車がどの車両にあるのかわからない(列車によっては、オールロングシートだったこともある)状況

➡ 229

営業運転開始直前、車体帯にアクセントカラーを追加。

E531系は常磐線、水戸線のほか、東北本線黒磯―郡山間にも投入された。

だったが、E531系では連結位置を明確にしてわかりやすくした。

7月9日(土曜日)、JR東日本は常磐線のダイヤ改正を行ない、E531系は最高速度130km/hの特別快速を中心にデビューし、8月24日に(水曜日)開業するつくばエクスプレス線(首都圏新都市鉄道常磐新線)の開業に対する危機感をあらわにした。

実際につくばエクスプレス線が開業すると、常磐線からの転移が多く発生し、JR東日本は1年間で55億円の減収となった。

E501系、東京を去る

E531系の増備が進むと、E501系検査時の代走要員となることもあった。しかも同じ4ドア車なので、E501系は中途半端な存在となってしまった。2006年3月、JR東日本はE531系に2階建てグリーン車連結を発表し、E501系に大きな変化が訪れることが予想できた。

E531系2階建てグリーン車は、2007年1月6日(土曜日)から連結を開始。3月17日(土曜日)のダイヤ改正まで普通車扱いだったため、人気は上々だった。一方、E501系は同日のダイヤ改正で上野─土浦間の撤退が決まり、常磐線土浦─いわき間と水戸線が新たな活躍の場となった。勝田車両センター配置のまま、運行範囲が変わる珍しい通勤形電車である。活躍の場が変わっても、検査時等になると415系1500番代かE531系が代走することは変わらなかった。

ダイヤ改正に備え、2006年秋から2007年春にかけて、改造工事が行なわれることになった。

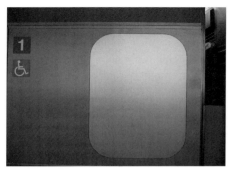

側窓をふさいでトイレを設置。

基本編成(1〜10号車)は1・10号車、付属編成(11〜15号車)は11号車に車椅子対応の洋式トイレをそれぞれ設置した。鋼製車と違い、ステンレス車体は"ごまかし"がきかないため、側窓がふさがれている姿があらわになっており、まるで"手術の痕跡"を見ているようだ。見ていて痛々しい。このほか、一部の側窓を開閉可能とした。

ダイヤ改正前に上野―土浦間の運用から外れると、方向幕の更新、付属編成はVVVFインバータ制御の換装も行なった。ダイヤ改正後は基本編成、付属編成とも単独運用になるが、号車表示はそのまま残った。基本編成はダイヤ改正直前、突如、上

運行範囲の変更により、基本編成と付属編成の併結がなくなった。

➡ 232

野―いわき間の長距離運用に就き、土浦以北では"新顔のお披露目"となった。

　基本編成は2011年から2012年にかけて、VVVFインバータ制御が換装され、特徴だった奏でる発車音と到着音を聞くことができなくなったが、"まだまだ活躍する"という、明るい話題でもある。

JR西日本213系

国鉄最後の新形式車両

"本州と四国を気軽に行き来できるようになった"最大の功労者。

213系は、「117系のステンレス車体バージョン」と言っていい。京阪初代3000系を彷彿させる客室は、本州と四国を結ぶイメージリーダーカーとして、大きな期待を一身に背負った車両だったが、表舞台から身を引くのは意外と早かった。

第4章 — JR通勤・近郊車両編

対照的な海越え車両

　国鉄末期となる1986年度は、青函トンネル(海峡線)、瀬戸大橋(本四備讃線)を通る車両の確保に努めていた。

　まず、青函トンネル用の車両は、すべて改造車で賄うことになった。

　電気機関車は、ED75形700番代を改造したED79形0・100番代である。0番代は本務機、100番代は補機という役割を持つ。

　寝台特急は24系25形客車を耐寒耐雪構造に改造して、車体側面の帯はステンレス2本から金帯3本となった。2段式B寝台の内装は、寝台特急〈あさかぜ1・4号〉に準じた。ほかにA寝台個室ツインDX(オロネ25形500番代)、特急形電車の食堂車(サシ481形)を客車化改造(スシ24形500番代)した車両も登場した。

　快速用は50系客車を大幅にグレードアップし、「50系5000番代」とした。車体塗装もレッドトレインから津軽海峡の海をイメージした青、車体側面の上部と側窓下には、白い帯を巻いた。

　485系特急形電車は海峡線用ATC設置だけで済み、北海道の14系500番代客車は特になかった。

　一方、瀬戸大橋用は、岡山鉄道管理局エリアに213系近郊形電車、四国総局エリアにキハ185系特急形気動車を投入した。分割民営化後も増備されている。

　普通電車、機関車、客車は、既存の車両をそのまま使うので、大掛かりな車両の整備は行なわれなかった。

JR西日本213系

⇒ 235

宇野線でデビュー

オリジナル車の車内。

オリジナル車の転換クロスシート。

オリジナル車の車端部。

　国鉄分割民営化まで1か月を切った1987年3月、213系が登場した。211系をベースに、2ドア、クハ212形とクモハ213形の一部を除き、すべて転換クロスシートとした。

　前面は貫通扉と助士席側、乗務員室と客室の仕切り（3か所中2か所）の窓をそれぞれ大きくし、前方の視界を拡大した。先頭車進行方向右側の最前列に坐れば、前面展望を思う存分楽しむことができる。

　客室の化粧板は淡い乳白色、妻面の引き戸はマスカット色（薄い黄緑）、シートモケットは濃い桃赤色（のちに青系統に更新）、床はアカマツをイメージした2種類の茶色で、「岡山県」

を強調している。当時は吊り手がなく、乗降用ドア付近に立客用の
スタンションポールを設けた。

　車体の帯は、「空」の水色と、「瀬戸内海」の青とした。車体
側面上部も水色の帯を巻き、車外スピーカーを1か所設置して
いる。

　編成は1M方式(電動車が1両単位を表す。2両単位の場合は「MM'方
式」という)とし、1M2Tの場合は25パーミル勾配までの走行が
可能である。211系との併結も可能だ。

　213系は24両がそろい、3月22日(日曜日)に宇野線で試乗会
が行なわれた。最初の車籍登録から、わずか10日後の出来事
だった。

　3月26日(木曜日)に宇野線の快速(全列車宇高連絡船に接続)とし
てデビューし、老朽化が著しい115系初期車を置き換えた。分
割民営化初日となる4月1日(水曜日)から、宇野線の快速は
〈備讃ライナー〉の列車愛称がつけられ、1号車を指定席に設
定した。"〈備讃ライナー〉は、1988年春に開業する本四備讃
線の走行を前提にしたもの"だと思う人が多かっただろう。

　国鉄分割民営化後、本四備讃線の茶屋町―児島間はJR西日
本、児島―宇多津間はJR四国の管轄となった。両社は協議を
重ね、岡山―高松間を運転する電車快速の列車愛称は、瀬戸内
海をイメージする〈マリンライナー〉に決まった。

宇高連絡船を引き継いだ 快速〈マリンライナー〉

　宇高連絡船は、客貨船(旅客と貨車の輸送を兼ねた船)と高速運転

JR西日本213系

⇒ 237

をするホーバークラフトの2種類が存在していた。客貨船の座席は、グリーン室と普通室、ホーバークラフトは普通室のみだった。

　両社は本四備讃線ダイヤの協議を重ねるうち、ある事実をつかむ。それは山陽新幹線の乗客が四国へ渡る際、宇高連絡船のグリーン室を利用する傾向が強いことだ。本四備讃線は、瀬戸大橋からの眺めが観光路線になりうると考え、快速〈マリンライナー〉のグリーン車連結を決めた。

213系グリーン車。

グリーン車の座席。

➡ 238

座席の向きを側窓に向ける。

　1988年3月、快速〈マリンライナー〉用のグリーン車、クロ212形が登場した。車体を鋼製に変更し、当時流行していたハイデッカー構造とした。

　JR西日本は「パノラマカー」と銘打ち、2人がけのリクライニングシートを90度ごとに固定できる。瀬戸大橋からの眺めを満喫するには、90度回転させ、側窓に向いた状態にするのがベストという設計だ。

　快速〈マリンライナー〉用のグリーン車とは別に、211系2両と213系1両の組み合わせによるジョイフルトレイン『スーパーサルーン・ゆめじ』も登場した。近郊形電車では初めてのジョイフルトレインで、こちらも鋼製車体のハイデッカーグリーン車である。JR西日本すべての直流電化全区間の走行を前提としていたため、最高速度は120km/h、耐寒耐雪構造とした。

　『スーパーサルーン・ゆめじ』は、ジョイフルトレインとして団体列車の役割を与えられたほか、編成を切り離したうえで快速〈マリンライナー〉に連結する日もあった。

➡ 239

ジョイフルトレイン『スーパーサルーン・ゆめじ』。(撮影:裏辺研究所)

　JR西日本は3月20日(日曜日)、岡山県瀬戸大橋架橋記念博覧会開催に伴い、本四備讃線茶屋町—児島間を先行開業させた。

瀬戸大橋通行初列車は満員御礼

　1988年4月10日(日曜日)0時32分、宇高連絡船最終便となった阿波丸は、終点高松に到着し、78年の歴史に幕を閉じた。その余韻にひたる間もなく、わずか4時間06分後、今度は快速〈マリンライナー2号〉岡山行き(9両編成)が高松を発車した。瀬戸大橋は道路部分(瀬戸中央自動車道)の一般車通行が16時からのため、早く渡りたい人は、JR四国を利用するしかない状況だった。

　瀬戸大橋通行初列車の快速〈マリンライナー2号〉岡山行きに乗ろうと、約2300人が高松駅に集結した。1番乗りの男子

➡ 240

大学生(当時19歳)は、3日前から瀬戸大橋の開業を待っていた
という。ちなみに、この列車に乗ることができたのは、わずか
約900人である。

　予讃本線坂出を発車すると、いよいよ瀬戸大橋へ。坂出—宇
多津間のデルタ線は、まるで高速道路のジャンクションに映
る。坂出方面、多度津方面、どちらからでも本四備讃線に進入
できるフレキシブルな構造だ。

「船の明かりが見えます。夜明けの瀬戸内海を楽しんでくだ
さい」

　5時10分頃、番ノ州高架橋から瀬戸大橋海峡部に差し掛か
り、車掌が放送すると、乗客全員が一斉に拍手と歓声が沸きあ
がり、"歴史の生き証人"となった喜びにあふれていた。今ま
では宇高連絡船から潮の香りを楽しんでいたが、本四備讃線で
は上から瀬戸内海を眺める。その車窓は新鮮に映り、乗客の目
は輝いていたに違いない。

　瀬戸大橋とは、下津井瀬戸大橋、櫃石島高架橋、櫃石島橋、
岩黒島高架橋、岩黒島橋、与島橋、与島高架橋、北備讃瀬戸大
橋、南備讃瀬戸大橋の総称で、全長9368メートル、1978年
10月10日(火曜日・体育の日)に着工してからの工期は9年半、建
設費は1兆1300億円である。

　1988年3月13日(日曜日)の青函トンネル、4月10日(日曜日)
の瀬戸大橋がそれぞれ開業したことにより、北海道から四国、
九州までレールがつながり、JRグループは「一本列島」とい
うキャッチコピーを掲げた。

JR四国が検討した車両置き換え

　青函トンネル、瀬戸大橋の開業は社会現象となった。バブル景気も重なり、連日大盛況。本州と四国が鉄路でつながったというのは、多くの国民にとって「衝撃」であり「刺激」でもあった。また、瀬戸大橋は観光だけではなく、通勤通学の足にもなり、生活路線という絶対的な存在に成長した。

　快速〈マリンライナー〉は、7月1日(金曜日)からグリーン車連結の一部列車に、転換クロスシートの指定席を設定した。当初は臨時措置で、列車によっては、設定しない日や夏季限定などもあった。

　秋以降、グリーン車連結の一部列車は、転換クロスシートの指定席を"常設"に格上げした。1989年3月11日(土曜日)のダイヤ改正では、グリーン車連結の全列車を対象に、転換クロスシートの指定席を設定し、現在のカタチを作り上げた。

　快速〈マリンライナー〉の1日平均利用客数は、開業した1988年度は18950人を記録したが、1990年代後半から下落に歯止めがかからない状況となり、2001年度は13651人となってしまう。グリーン車の座席位置設定も、いつの間にか進行方向に変えており、凋落を象徴する光景と言えよう。

　最大の"弱点"は、宇野線が単線だということ。途中駅での列車行き違い停車が利用客に不満を与えていた。特に遅延が発生しているときは、停車時間が長くなってしまう。

　JR西日本では、大元、妹尾の駅構内有効長を延伸することにより、上下線の通過列車が走行中に行き違いできる改良をしていたが、当時、複線区間はなかった(現在は備中箕島—久々原間

⇒ 242

を複線化）。

　JR四国が2001年秋に調査したところ、快速〈マリンライナー〉に対する意見が、特急よりも多いことがわかった。乗客からは座席に不満を漏らし、イメージチェンジを望む声もあった。

　この意見を受けて、JR四国は新型車両の投入を検討するものの、213系はJR西日本の車両である。"快速〈マリンライナー〉JR四国バージョン"を実現させるには、JR西日本の了解を得る必要があった。

初代快速〈マリンライナー〉213系勇退

　JR四国は2002年1月28日（月曜日）、快速〈マリンライナー〉用の新型車両投入を明らかにした。瀬戸大橋開業時からの夢だった、自社車両による快速〈マリンライナー〉の実現に向けて、大きな一歩を踏み出したのである。

　JR四国は、グリーン車と指定席を1両にまとめた2階建て車両の導入を主張し、JR西日本はそれを受け入れた。当初、JR四国が描いた2階建て車両は、前頭部が223系0番代にそっくりで、乗降用ドアは急行形電車並みのサイズを描いていたが、10月28日（月曜日）に公式発表した際は、大幅に修正されていた。

　2003年7月に快速〈マリンライナー〉の2代目車両として、JR西日本は223系5000番代、JR四国は5000系を登場させ、10月1日（水曜日）早朝から営業運転を開始した。

　そのほとんどは、5000系と223系5000番代の併結運転で、両社とも単独運転時を除き、車両使用料の支払いが発生しな

JR西日本223系5000番代。

JR四国5000系の1号車は、"快速〈マリンライナー〉の顔"といえる。

い。JR四国が快速〈マリンライナー〉用車両を所有したかったのは、車両使用料の支払いを軽減させたかったからである。

なお、213系は、同日未明に快速〈マリンライナー〉運用を勇退した。

JR四国5000系の3号車は、弱冷車(弱冷房車)に設定。

大半はワンマン化改造を受ける

213系は岡山支社の各電化路線に転用され、多くは改造を受けた。特に多かったのは、ワンマン対応改造である。

全車普通車の一部編成は、サハ213形を抜いて対応。グリーン車(クロ212形)連結編成は、サハ213形を先頭車化及び洋式トイレ設置改造を受け、2004年3月から9月にかけてクハ212形100番代が登場した。改造費低減のため、機器の一部は

クハ212形100番代。

在来線技術試験車『U@tech』。(撮影：裏辺研究所)

余剰となったクロ212形を活用している。

　クロ212形とサハ213形は、各1両が在来線技術試験車『U@tech』に改造され、223系2000番代試作車と連結の上、同年9月に完成した。なお、余剰となったクロ212形とサハ213形の一部は、同年中に廃車された。

　一方、改造を受けなかったオリジナル編成は、クハ212形とクモハ213形の簡易展望席が"原則禁止"となり、転換クロスシートは向かい合せに簡易固定された(「簡易」と書いたのは、転換クロスシートの向きを変えることが容易にできるため)。JR西日本では「お客様へ、この座席の向きは　変えられません」というステッカーを貼付し、乗客に理解を求めている。

　2012年度から2015年度にかけて体質改善工事を行ない、客室のインテリアを225系に準拠したほか、最前列の簡易展

213系体質改善車。写真は先頭車化改造車のため、簡易展望席がない。(撮影：RGG)

席が完全に固定され、ボックスシート化。また、2016年4月9日(土曜日)に213系2両をジョイフルトレインに改造した『La Malle de Bois』(マル・ド・ボァ)(フランス語で「木製の旅行鞄」)がデビューした。

213系7000番代『La Malle de Bois』。改造車ながら、グリーン車が6年ぶりに復活した。(撮影:裏辺研究所)

2度復活した213系の快速〈マリンライナー〉

2007年2月8日(木曜日)、宇野線内で踏切事故が発生し、自動車に衝突した223系5000番代は、しばらくのあいだは使用不能となった。そのため、快速〈マリンライナー77・2号〉に限り、213系が4月中旬まで代走した。

2008年4月10日(木曜日)、こちらは瀬戸大橋開業20周年イベントの一環として、臨時快速〈懐かしの213系マリンライ

ナー〉を高松─岡山間の片道のみ運転した。グリーン車は、『スーパーサルーン・ゆめじ』のクロ212 - 1001が起用され、往時の姿をよみがえらせた。

　2年後の2010年3月7日(日曜日)、『スーパーサルーン・ゆめじ』は、団体列車〈ファイナルラン さよなら！スーパーサルーンゆめじ号〉をもって、22年の歴史にピリオドを打った。近郊形電車でありながら、特急列車と勘違いしそうな車両はもう現れないだろう。

JR西日本213系

➡ 249

コラム　JR東海213系5000番代

新製車では、最後の"2ドア近郊形電車"となった213系5000番代。

　JR東海では、165系の置き換え用として、213系5000番代が1989年2月に登場した。JR西日本車と異なるのは、2両編成、補助席つきセミクロスシート(転換クロスシート&ロングシート)、冷房機、車体帯のカラーリング、トイレなしなどである。

　3月11日(土曜日)のダイヤ改正でデビュー。当初は関西本線(名古屋―亀山間)に投入されたが、現在は飯田線に移り、119系を置き換えた。その際、トイレや半自動ドアスイッチ設置、補助席撤去などの改造が行なわれた。

　蛇足ながら、213系5000番代はJR東日本中央本線茅野―辰野間にも顔を出す。JR東日本には1両も存在していない、"快適な転換クロスシートの旅"を楽しめる。

第5章—私鉄・公営通勤車両編

大阪市交通局10系試作車

大阪市交通局2代目20系試作車

東京急行電鉄1000系

東武鉄道30000系

東京メトロ06系、07系

東京メトロ01系

大阪市交通局 10系試作車

御堂筋線転属後に昇華。しかし……

特徴的なフェイスは、人知れず姿を消した。(撮影：村田幸弘)

大阪市交通局は"新しいもの"を積極的に採り入れ、地味ながら同業他社に影響を与えた。特に集電方式が第3軌条の車両に関しては"初モノ"が多く、今回取り上げる10系試作車もそのひとつ。ただ、量産車に比べ波瀾万丈の生涯となった。

第5章 — 私鉄・公営通勤車両編

大阪市交通局 10系試作車

初代20系として登場

新機軸満載の車両は、初代20系として登場。(提供:大阪市交通局)

　谷町線は1967年3月24日(金曜日)に東梅田―谷町四丁目間、1968年12月17日(火曜日)に谷町四丁目―天王寺間が相次いで開業した。この先、南北とも郊外へ路線を延ばし、大阪市交通局最長の地下鉄路線にする予定をたてていた。

　将来は急行列車の設定も考えられるので、従来の30系や50系に代わる、100km/h運転を想定した新型車両の導入を決めた。それが初代20系である。

第3軌条車両初の省エネ車両

　初代20系は1973年3月に4両編成で登場。将来は8両編成までの増結を想定していた。くわしくは次頁の表を御参照いただきたい。

⇒ 253

初代20系編成表

←谷町線天王寺／御堂筋線新大阪 　　　　　　　　　　 谷町線東梅田／→御堂筋線あびこ

4両編成	形式	2000形 M2ec	2300形 M'1	2400形 M1	2500形 M2ec				
5両編成時		2000形 M2ec	2300形 M'1	2600形 T'	2400形 M1	2500形 M2ec			
6両編成時		2000形 M2ec	2300形 M'1	2600形 T'	2700形 T	2400形 M1	2500形 M2ec		
7両編成時		2000形 M2ec	2100形 M1	2200形 M2	2300形 M'1	2600形 T'	2400形 M1	2500形 M2ec	
8両編成時		2000形 M2ec	2100形 M1	2200形 M2	2300形 M'1	2600形 T'	2700形 T	2400形 M1	2500形 M2ec

　前面デザインは第3軌条車両では初めて左右非対称とし、運転台を広くとった。車体も軽量に優れたアルミで、丸みを帯びており、先輩の30系に比べ、"美"を強調した柔らかみのあるデザインだ。

　前面は切妻ながら、堺筋線用の60系と同様に縁飾りを周囲と中央に取りつけた。アクセントとしては充分に効果があり、側面から眺めると"プチ流線形"に映る。また、運転台の下に縞模様を施したアルミ板が取りつけられ、無塗装かつ識別帯なしの単調さを和らげている。

　エクステリアで着色されている部分は、前面フロントガラス下の白帯、その中と車体側面の肩部に白地のステッカーで取りつけられた大阪市高速電気軌道標識(大阪市交通局の地下鉄マーク)のみ。後者は、なぜか御堂筋線ラインカラーのクリムソンレッドらしき色を纏う。谷町線ラインカラーはロイヤルパープルなので不思議だ。今思うと、この車両は落成時から御堂筋線へ移る運命だったのかもしれない。

　貫通扉は2つに分割し、上部は右外開き、下部は下外開きにして非常時に乗客を誘導する際、踏板として使用する。

第3軌条車両では先述の前面デザイン以外で初めて採用されたものが2つあり、1つ目は電機子チョッパ制御（「サイリスタチョッパ制御」ともいう）。主抵抗器を省くことで消費電力を低減できるほか、力行やブレーキをかけたときに放出する熱量も減るので、地下トンネル内の温度上昇を抑制できる。また、主抵抗器という発熱源がないので火災事故防止にもつながる。

2つ目はブレーキをかける際、電動機で発電した電気を架線もしくは第3軌条に戻す回生ブレーキで、こちらも消費電力の低減に貢献する。大阪市交通局は30系と60系で実績のあるOEC-1形（全電気指令空気ブレーキ。OECは「Osaka Electric Control」の略）の改良型として、OEC-2形と名づけた。

このほか、空気バネ台車も採用。「空気バネ」というのはゴム容器に封入した空気の圧力で荷重を支え、圧縮性によってバネ作用を行なわせるもの。当時、国鉄では特急形車両などに採り入れ、乗り心地の向上を図っていた。

初代20系の車内。（提供：大阪市交通局）

➡ 255

防音波打車輪は、曲線を通過する際、レールと車輪の摩擦により発生するキシリ音を低減するために、試験採用された。無論、好結果を得て、のちに本格採用されたのは言うまでもない。

客室のロングシートは30系や60系でスタンダードと化していたFRP(強化プラスチック)基盤の上に、ラテックスもしくはウレタン発泡剤をはりつけ、テレンプ(張地用毛織物の一種)で覆った。30系では暖房装置を省いていたが、初代20系では搭載された(のちに30系も暖房装置を搭載)。

冷房装置は引き続き搭載されず、車両の両端にシロッコファンという送風機を設け、新鮮な外気と室内空気を混合して客室に放出する。トンネル断面の関係で、車両の屋根に沈み込ませる形で搭載しなければならず、その部分は天井が低くなった。そして、将来は冷房機に改造する構想もあり、"第3軌条車初の冷房車"という可能性を秘めていた。

客室の中央部分にラインフローファンを設け、外気を攪拌しながら風を吹き出す。

乗務員室の運転台はマスコンハンドル(主幹制御器)を前後に動かすレバー式を採用。ブレーキハンドルは従来車と変わらない。位置は逆ながら国鉄の0系新幹線電車に追随した格好だ。

最高速度は従来車と同じ70km/hであるが、主電動機の出力を30系の120kWから130 kWにアップ。100km/h運転を想定した性能を有しており、"第3軌条最速車両"になる日を静かに待っていた。

谷町線から御堂筋線へ

　試運転は谷町線のほか中央線でも行なわれ、好成績をあげて実用化への見通しが得られた。順調にいけば谷町線東梅田―都島間の延伸開業時にデビューするものと思われた。

　しかし、大きな壁に直面する。100km/h運転の走行試験を計画したが、既設線で条件に合う区間がないこと、第3軌条損傷などの事故を起こす恐れがあることから、中止を余儀なくされた。営業線での走行試験中に事故が起こってしまえば、旅客輸送に影響を及ぼすので、致し方のない決断である。

　この頃、御堂筋線では列車の運転本数と輸送量が最大ゆえ、車両の発熱量が増加し、トンネル内の温度上昇が問題になっていた。

　それを低減させる切札として、初代20系に白羽の矢が立てられた。先述した回生ブレーキを装備しており、より効果的な運用を図れるほか、将来10両編成に増結した際、6M4Tに組成することで、現状の最高速度70km/hのまま付随車(T車)の牽引向上に活かせるからだ。

　谷町線で叶わなかった夢は、御堂筋線で新しい夢の実現に向かうカタチに変え、1974年6月7日(金曜日)付で御堂筋線へ移った。

　蛇足ながら、駅については機械換気設備を開業当初から設置し、環境が保たれていたほか、1956年8月6日(月曜日)から梅田に世界初の駅冷房サービスを開始。スローペースながら順次他駅にも拡大していった。

8両編成化を機に10系へ

　初代20系は御堂筋線でも性能テスト及び乗務員の習熟運転のため、1974年11月25日(月曜日)から1975年2月28日(金曜日)までの平日に限り、新大阪―あびこ間で1日4往復の試運転が行なわれた(1974年12月26日〔木曜日〕から1975年1月6日〔月曜日〕までを除く)。

　御堂筋線での試運転終了後、中間車4両が追加新製され、1975年6月9日(月曜日)に「10系試作車」として再出発し、改めて試運転を開始。これに伴い、車両番号が重複する旧1100形、旧1200形は、3月26日(水曜日)に「2代目100形」、「2代目200形」にそれぞれ変更され、10系登場に万全を期した。

10系試作車。当時、方向幕の行先は白地だった。(提供：大阪市交通局)

御堂筋線10系試作車、30系、北大阪急行電鉄2000形編成表(表は9両編成時)

		←千里中央								なかもず→
御堂筋線 10系試作車	形式	1100形 M2ec	1000形 M1	1900形 T	1300形 M2p	1200形 M1′	1600形 T′	1400形 M1	1500形 M2	1800形 Tec
	備考	旧2000形	なし			旧2300形	なし	旧2400形	なし	旧2500形
御堂筋線 30系	形式	3000形 M1c	3100形 M2	3800形 T	3200形 M1	3300形 M′2e	3600形 T′	3700形 T	3400形 M1	3500形 M2ec
北大阪急行電鉄 2000形	形式	2000形 M1c	2100形 M2	2800形 T	2200形 M1	2300形 M′2e	2600形 T′	2700形 T	2400形 M1	2500形 M2ec

1987年に増結 (10系は新製車、ほかは改造車)

　初代20系を「10系」に変更した経緯は、相互直通運転を行なう北大阪急行電鉄(以下、北急)に2000形が存在し、なおかつ、どちらも百の位の番号(当時、0〜5は電動車、6〜9は付随車)が30系と同じなので、完全に重複するからだ。

　試作車のエクステリアは、クリムソンレッドの大阪市高速電気軌道標識つき識別帯を車体側面に巻いたほか、警戒色として

10系試作車の車内。(提供:大阪市交通局)

前面にクリムソンレッドの塗装板が取りつけられ、"おめかし"して無味乾燥な雰囲気を脱した。客室も自動車用として開発されたプルマフレックスシートに更新、シートモケットも御堂筋線のラインカラーに準じたエンジ色となり、温かみのある色調である。

このほか、制御装置や運転台の改善が行なわれた。特に運転台はマスコンハンドル、ブレーキハンドルともレバー式に変わり、2代目20系以降の第3軌条車両に受け継がれている。

長い試運転の末、1976年2月16日(月曜日)にデビュー。当時は中津―天王寺間の限定運用で、乗車チャンスは平日の日中のみ。それ以外は我孫子検車場で"休養"に充てられていた。

ついに量産車が登場

試作車は非冷房でスタートしたが、1977年に薄型のセミ集中式冷房機を1501の両端に搭載し、10月11日(火曜日)から14日(金曜日)にかけて、試験が行なわれた。

2年後の1979年3月、ついに量産車が登場。1両あたり1000万円の冷房機が標準搭載されたほか、前面デザインの見直しが行なわれ、縁取りも周囲のみとなり、精悍な顔立ちに進化した。貫通扉は外開きのみで、非常時に備えハシゴが取りつけられた。

客室も冷房機の搭載で天井が低くなった部分に吊り手と室内灯を設置したほか、シートモケットを金茶色に変更して、豪華さを演出。当時、金茶色のシートモケットは東武の1720系や1800系といった優等車両に採用されており、通勤形電車に導

➡ 260

第5章 ― 私鉄・公営通勤車両編

大阪市交通局 10系試作車

10系量産車。

入されたのは"画期的"と言えよう。

　量産車は4月から営業運転に入り、試作車は量産車化改造を受け、可能な限り量産車に合わせた。また、大阪市交通局は10系の冷房運転に備え、先述した駅冷房の設置を進めてゆく。特に乗降客の多い梅田、本町、なんば、天王寺の温度を28度

10系量産車オリジナルの車内。

➡ 261

に設定し、車両の放熱をできるだけ吸収するようにした。

　こうして6月20日(水曜日)から10系の冷房運転が始まり、第3軌条車両に新しい時代が幕を開ける。涼やかな風が車内に"新風"を吹かせ、当然のことながら乗客から好評を得た。

　冷房以外で10系を人々に印象づけたのは警笛。第24編成まで電子笛を搭載し、「プアーン」という甲高い音色を響かせていたせいか、御堂筋線に乗った人から「プアーンに乗った?」が朝のあいさつ代わりとなるほど。また、その音を聞くだけで汗が途端に引っ込む人もいたそうだ。

あびこ―なかもず間延伸開業を機に1両増結

　10系は"御堂筋線の顔(エース)"として量産される一方で、非冷房の30系が他線に移り、輸送力増強や延伸開業に備える役目を担う。当時、冷房車は御堂筋線10系のみ。まさに"「高嶺の花」という名の特別な存在"なのだ。

　この頃、御堂筋線は混雑緩和や輸送力増強及び、あびこ―なかもず間の延伸開業に向け、大規模な工事が行なわれていた。当初、同区間の延伸開業時に2両増結し、10両編成化が目されていたが、進展中に暫定9両編成化ののち、工事完了後の1989年12月に10両編成化の方針をとる。

　同区間の延伸開業を1987年4月18日(土曜日)に控えた4月12日(日曜日)から、9両編成での営業運転を開始。10系は第16編成以前の編成に1900形(がた)が順次新製増結されたほか、第17編成以降は当初から9両編成で投入された。北急も1986年2月登場の8000形(けい)ポールスター号に8100形(がた)が新製増結された。

⇒ 262

北急8000形ポールスター号。

　一方、30系は第26・27編成の分解及び余剰車2両を3800形として既存の第11〜25編成に、北急も2000形の2編成の中から5両を捻出し、2800形として5編成に、それぞれ増結された。

　なお、10系第17編成以降と、第16編成以前の1900形(増結車)については、アルミ車体の構造、冷房装置のさらなる薄型化、車体側面の車両番号をプレートから切り文字(増結車を除く)、天井の空調吹き出し口などを2代目20系に合わせた。

　このほか、1989年の新製車から方向幕(行先表示器)は日本語のみからローマ字(一部英語)併記に、警笛は電子笛から大阪市交通局が開発した電子警報音に、それぞれ変更された。のちに1988年以前に新製された、10系や2代目20系などの方向幕もローマ字併記に交換されている。

ついに、10両編成に増結されたが……

新20系は第3軌条各線に投入され、冷房サービスを推進（写真は御堂筋線用21系）。

　先述した御堂筋線の10両編成化は、当初予定していた1989年12月に実施されなかったほか、10系の増備も第26編成をもって終了となった。

　1991年4月から"新20系の御堂筋線バージョン"といえる21系が登場。わずか2年で30系を一掃したほか、北急も8000形ポールスター号の増備により車種統一を図ったので、御堂筋線車両の冷房化率100％を達成した。

　御堂筋線の10両編成化は1993年10月1日（金曜日）の大阪市会決算特別委員会で決まり、1994年9月30日（金曜日）に計画がまとまった。

　増結は1995年12月9日（土曜日）から1996年9月5日（木曜日）まで実施。21系と8000形は新製増結に対し、10系は初代

20系として産声をあげてから22年経過していたせいか、3編成を分解し、1700形として第4編成以降の増結を決めた。

1700形改番表

旧番号	→	新番号	旧番号	→	新番号
1001	→	1704	1802	→	1716
1201	→	1705	1803	→	1717
1301	→	1706	1302	→	1718
1401	→	1707	1303	→	1719
1501	→	1708	1502	→	1720
1601	→	1709	1503	→	1721
1002	→	1710	1602	→	1722
1003	→	1711	1603	→	1723
1202	→	1712	1901	→	1724
1203	→	1713	1902	→	1725
1402	→	1714	1903	→	1726
1403	→	1715			

これに伴い、先頭車4両が余剰となり、試作車の1101と1801が1995年9月27日（水曜日）、量産車も1102と1103が1996年7月18日（木曜日）をもってそれぞれ廃車。仮に予定通り1989年12月から10両編成化を開始していたら、1700形は新製車として増結され、1両の廃車も出さなかったはずだ。

全26編成"真の晴れ姿"を見られなかったのは、誠に残念なこと。大阪市交通局にとっても、断腸の想いで非情な決断を下したのではないだろうか。

10系電機子チョッパ制御車フォーエヴァー

10系リニューアル車。

第5章 — 私鉄・公営通勤車両編

大阪市交通局 10系試作車

　10系の10両編成化完了後、1998年から2011年まで第4編成を除き、リニューアルが行なわれた。

　エクステリアは、車体外板のブラスト洗浄により長年の"アカ"を落とし、新製時の初々しさをよみがえらせたほか、先頭車前面のブラックフェイス化、21系に準じた車体識別帯の変更、車体側面に方向幕を設置。警笛も第25・26編成を除き、電子警報音に更新された。

　インテリアは化粧板やシートモケットの更新、旅客情報案内装置、ドアチャイム、車椅子スペース(1700形は設置済み)の設置などが行なわれ、明るさを増した。

　2006年から第17編成以降を対象に、制御装置のVVVFインバータ制御化が追加され、「10A系」として再出発。特に第17・18編成はリニューアル後、制御装置の換装を受ける。

　第4編成が2011年3月31日(木曜日)で廃車されたあと、30000系の御堂筋線バージョンが登場。量産車の第5～16編

リニューアルに加え、制御装置を換装した10A系。

➡ 267

10系リニューアル車の車内。

成を置き換えることになった。

　これに伴い、初代20系中間車の1707(旧2401⇒1401)は2013年6月20日(木曜日)、1705(旧2301⇒1201)は2014年6月20日(金曜日)でそれぞれ廃車され、苦楽を共にした少数精鋭が完全に姿を消した。試作車の"生え抜き中間車"も1724(旧1901)を除き、30000系に置き換えられる。

　先述の繰り返しになるかもしれないが、初代20系は1度挫折を味わい、期待の意味を"救世主"に変えてドル箱の御堂筋線に移り、「10系」として大輪の花を咲かせた。しかも、10系は大阪市交通局の第3軌条車両では珍しい"御堂筋線専用車"で、他線で営業運転をした実績もない。2018年4月1日(日曜日)の民営化後も、このような車両は現れないだろう。

➡ 268

第5章 — 私鉄・公営通勤車両編

御堂筋線用30000系は、12編成投入される予定。

現在の10系、10A系編成表

←千里中央　　　　　　　　　　　　　　　　　　　　　　　なかもず→

号車		10	9	8	7	6	5	4	3	2	1
10系	形式	1100形	1000形	1900形	1300形	1200形	1600形	1700形	1400形	1500形	1800形
		M2ec	M1	T	M2p	M1′	T′	T	M1	M2	Tec
10A系		1100A形	1000A形	1900A形	1300A形	1200A形	1600A形	1700A形	1400A形	1500A形	1800A形
		Tec1	Ma1	Mb1	Tbp	Ma1′	T′	T	Ma2	Mb2	Tec2

大阪市交通局 2代目20系

VVVFインバータ制御黎明期の車両

試作車は意外な理由で30年の歴史に幕を閉じた。

初代20系の10系改称から9年後の1984年3月、2代目20系が登場した。エクステリア、インテリアは10系をベースとしながらも、当時画期的だったVVVFインバータ制御を第3軌条車両では初めて採用し、"日本の鉄道車両の未来を担う存在"として、大いに注目された。

第5章 ― 私鉄・公営通勤車両編

地下鉄から始まったVVVFインバータ制御車の歴史

　「JR東日本207系」のくり返しとなるが、VVVFインバータ制御の「VVVF」とは、「Variable Voltage Variable Frequency」の略で、主電動機の交流モーターを制御する方式の電気車だ。チョッパ制御（電機子、界磁など）、抵抗制御などに比べ、保守が容易という利点がある。加えて、同じ出力でも直流モーターに比べ小形軽量化できる。主電動機の最高回転数も向上するため、モーター車（電動車）の数を減らし、トレーラー車（付随車）の数を増やせる。これにより製造費や消費電力の低減、編成全体の軽量化ができるなど、メリットが多い。

　VVVFインバータ制御は、1975年以降に西ドイツ（現・ドイツ）などのヨーロッパで実用化され、日本でも研究が進められていた。営団地下鉄では、1978年に6000系1次試作車（6000系ハイフン車）を用いて、国内初の現車試験が行なわれた。

　一方、大阪市交通局では、1979年9月に「地下鉄小型化調査委員会」を設立。トンネル断面を小さくした"ミニ地下鉄"の計画をたてており、車両もインバータ駆動誘導電動機方式で試作したい思いもあった。大阪市交通局は電機メーカー各社にGTOサイリスタを使用するシステムの開発を求めたところ、東芝、三菱電機、日立製作所の3社が要請に応えた。

　1981年7月2日（木曜日）から1982年4月23日（金曜日）まで、2代目100形の106・107（107は従来の抵抗制御車）をVVVFインバータ制御の試験車として起用した。

　GTOサイリスタ素子によるVVVFインバータ制御は、3社が

⇒ 271

それぞれ開発したものをかわりばんこに搭載し、車両基地構内で試走したのち、中央線で夜間の走行試験を実施した。当時、2代目100形の106は、"ミニ地下鉄"を実現させるため、車体の床下に台座を設置し、その下に小型の機器を搭載した。

日本初のVVVFインバータ制御車、熊本市交通局8200形。

　走行試験では問題点が度々発生し、試行錯誤を繰り返した末、関係者の不撓不屈の精神により実用化のめどが立ち、1984年3月に2代目20系試作車が登場した。国内の営業列車用VVVFインバータ制御車は、熊本市交通局8200形に次いで2番目。地下鉄及び普通鉄道用としては、「初」という快挙だった。

　蛇足ながら、"ミニ地下鉄"用の車両としては、1988年3月に70系試作車が2編成で登場した。共にVVVFインバータ制御を採用し、駆動装置はリニアモーターとロータリーモーターに分けた。

　大阪市の南港試験線において走行試験を実施した末、前者を

第5章 — 私鉄・公営通勤車両編

長堀鶴見緑地線用70系。

選択。1990年3月20日(火曜日)、日本初のミニ地下鉄、鶴見緑地線(現・長堀鶴見緑地線)京橋―鶴見緑地間が開業した。

10系ベースの2代目20系

2代目20系編成表

←コスモスクエア　　　　　　　　　　　　　　　　　学研奈良登美ヶ丘→

6両編成	形式	2600形	2100形	2800形	2300形	2200形	2900形		
		Tec1	Mb'1	T'	Mb2	Ma2	Tec2		
8両編成時		2600形	2000形	2100形	2700形	2800形	2300形	2200形	2900形
		Tec1	Ma1	Mb'1	T'p	T'	Mb2	Ma2	Tec2

　本題の試作車は6両編成で登場し、大阪市交通局初の電動車(M車)と付随車(T車)の数が半々の3M3Tとなり、将来は4M4Tの8両編成を想定した。当時、省エネ車両として君臨していた電機子チョッパ制御の御堂筋線用の10系でも、抵抗制御の30

系と同じ6M2T(当時8両編成)なので、VVVFインバータ制御は"進化した省エネ車両"とうかがえる。

　車体と艤装は近畿車輛製2両と川崎重工製4両、主電動機と制御装置は東芝製、三菱電機製、日立製作所製が各1両で、各メーカーの威信がかかっていたと思う。

先頭車は10系の"プチ流線形"を踏襲。

　前面は国鉄201系を意識したかの如く、フロントガラスのまわりをブラックで囲み、左右非対称のデザインを対称に見えるデザインとした。灯具も角形となり、ブラックフェイスと、ライトグレーのFRP製縁取りをめぐらせたことも相まって、精悍な顔立ちだ。

　アルミ車体は全断面大形形材構造を採用し、組み立てや溶接工数の大幅な低減、自動溶接による品質の安定化などを図った。車体側面の車両番号も10系のプレートから切り文字となり、見映えを向上させた。

　冷房装置はさらに薄型化され、取りつけ部分の天井高さが約

➡ 274

10センチ高くなったほか、天井の空調吹き出し口を見直し、客室の見映えもよくなった。

乗務員室の運転台は、ハンドルのデザインを変更して握りやすくしたほか、東大阪生駒電鉄との相互直通運転に備え、主幹制御器(マスコンハンドル)に抑速ブレーキが設けられている。

ブレーキは30系から続く全電気指令空気ブレーキで、10系のOEC－2形を改良したOEC－3形とし、回生ブレーキ作動時の回生電力量を増加させた。

クリスマスイブにデビュー

試作車は1984年3月28日(水曜日)から各種性能試験を開始し、9か月後の12月24日(月曜日)にデビューした。"大阪市のサンタクロースが子供たちに大きなプレゼントを贈った"という劇的デビューかと思いきや、当初より「本年末の予定」と決めていた。

各種性能試験からデビューまで長い時間をかけたのは、"「VVVFインバータ制御」という名の特殊な車両"であることや、この車両が産声を上げた当時の中央線は、全列車4両編成だったからだ。

なぜ試作車は、6両編成で登場したのか。

理由は中央線深江橋―長田間の延伸開業及び、東大阪生駒電鉄の相互直通運転による利用客の増加に備えたからだ。大阪市交通局では、当時の中央線主力車両50系の編成替え、御堂筋線用10系の増備に伴い、30系32両を中央線に転用し、不足する先頭車4両を新製で対応した。

こうして11月7日(水曜日)より、4両編成から6両編成に増結させた。

また、2代目20系登場のきっかけといえる、中央線深江橋―長田間は1985年4月5日(金曜日)に延伸開業した。同日に深江橋で行なわれた開通式で、大阪市交

近鉄7000系は、東大阪生駒電鉄時代の1984年8月に登場。

通局は試作車を祝賀列車に起用し、"中央線の新しい顔（エース）"を大いにアピールした。

試作車は大きなトラブルもなく、10月から12月にかけて、量産車4編成を増備。機器のメーカーを極力統一するとともに、東大阪生駒電鉄との相互直通運転にも備えた。

東大阪生駒電鉄は1986年4月1日(火曜日)、近鉄に吸収合併され、長田―生駒間は「東大阪線」という路線名で、10月1日(水曜日)に開業及び相互直通運転を開始。第3軌条路線では初めて、山岳トンネルの走行や府県をまたいだ。

谷町線にも2代目20系を投入

大阪市交通局では1988年度から約971億円をかけて、地下鉄車両の冷房化推進を決めた。ここまで冷房車は10系、2代

➡ 276

目20系、70系のみ(70系は鶴見緑地線開業と同時に営業運転を開始)という状況だった。

"冷房推進元年"となる1988年は、10系第23・24編成18両のみ増備。1989年は10系に加え、2代目20系が4年ぶりに増備された。前者は第25・26編成18両に対し、後者は中央線用第6・7編成、谷町線用第31〜39編成の計66両である。

谷町線用の2代目20系は、下2ケタの番号が一気に飛んで30番代とした。中央線用と異なるのは抑速ブレーキが装備されていないだけで、ほかは同じである。

10系、2代目20系とも、増備は同年で終了し、1990年からVVVFインバータ制御、軽量ステンレス車体の新20系(第3軌条用の3代目20系)、66系(堺筋線用)が登場し、"冷房サービス向上の決定版"として大量に増備された。これに伴い鋼製車は全廃、30系と60系は冷房改造を受けた車両だけが残り、1995年に冷房化率100%を達成した。

谷町線初の冷房車は、2代目20系。

中央線用の24系は、1991年6月に登場。

車体側面帯の変更とフルラッピング

　2代目20系は登場から11年後の1995年、谷町線用の車体側面帯を新20系に準じたタイプに変更された。新20系の帯は細いが、2代目20系は以前貼付されていたタイプに合わせ太い。30系冷房改造車も同様の変更を行なったので、更新完了も早かった。

　一方、中央線用では、1998年1月から中央線用も車体側面帯が更新された。こちらはスローペースとなり、2006年までかかった。また、1997年7月から数年間、試作車と第2編成の車体側面に、ジンベイザメなどがイキイキと泳いだイラストのフルラッピングを施した。沿線に港や海遊館(水族館)があるほか、12月18日(木曜日)に大阪港トランスポートシステム南

第5章 — 私鉄・公営通勤車両編

港・港区連絡線(大阪港—コスモスクエア間は「テクノポート線」と称する普通鉄道、中ふ頭—コスモスクエア間は「ニュートラムテクノポート線」と称する新交通システム)が開業し、相互直通運転をスタートするためだ。

特に地下鉄規格の大阪港—コスモスクエア間は、第3軌条路線初の海底トンネル(名称は「咲洲トンネル」)を通るので、"中央線イコール海"をイメージしたかったという。

南港・港区連絡線大阪港—コスモスクエア間の開業により、当該車両は海底、地下、山岳という3種類のトンネルを走行し、第3軌条路線としては、ある意味見どころのあるルートとなった。

大阪市交通局 2代目20系

なお、大阪港トランスポートシステムは、赤字による経営難により、2005年7月1日(金曜日)から運行業務を大阪市交通局に移管した。南港・港区連絡線は引き続き大阪港トランスポートシステムが第3種鉄道事業者、大阪市交通局が第2種鉄道事業者として現在に至る。

咲洲トンネルを抜け、大阪港へ向かう。
(撮影:牧野和人)

➡ 279

簡易リニューアル

　大阪市交通局では、1992年から新製車両に車椅子スペースを設置し、のちに1991年以前の既存車両にも順次拡大。また、1998年12月から車両連結部に連結面転落防止装置(初代100形の安全畳垣を参考にしたといわれている)が設置された。

　後者については2000年以降、急速に進んだ。2代目20系の場合は、2000年5月から2001年12月まで全車に取りつけられたが、前者は整備が遅れている状況だった。

　車椅子スペースは、2000年6月から設置工事が始まったが、2001年度末まで、わずか4編成(中央線用、谷町線用とも各2編成)しか完成しておらず、加えてバリアフリー対応も遅れていたが、2002年から「高齢者、身体障害者等の公共交通機関を利用した移動の円滑化の促進に関する法律」(2000年5月17日〔水曜日〕制定)に基づき、改造された。

2代目20系試作車、簡易リニューアル後の車内。

➡ 280

インテリアは、車椅子スペース(先述した4編成を除く)、旅客情報案内装置、ドアチャイムをそれぞれ設置され、非常通報機をインターホン化して、乗務員と直接やり取りできるようにした。ただし、化粧板、床などは従来と変わらず、"簡易リニューアル車"といえる。

　エクステリアは、車体側面方向幕の設置、警笛の取り換え(1984・1985年製のみ)を行なった。特に前者の設置により、方向幕の操作は車掌だけですみ、運転士の負担が軽減された。蛇足ながら、車体側面に方向幕がない車両は終点到着後、運転士と車掌が別々に操作していた。

大阪市交通局2代目20系

全車中央線に集結!!

近鉄7020系は、2004年9月に登場。

2004年に入ると、近鉄けいはんな線の開業が2年後に迫ってきた。近鉄では7020系の投入で輸送力増強を図り、既存の7000系もリニューアル工事を開始。客室のレベルを極力7020系に統一させるばかりではなく、性能面でも最高速度を70km/hから95km/hに引き上げた(中央線内の最高速度は、従来通り70km/h運転)。

　近鉄では、東大阪線をけいはんな線に統合するとともに、2006年3月27日(月曜日)のけいはんな線開業からワンマン運転を実施することになり、車両にも足踏み式デッドマン装置、車内マイクつき通報装置も設置された。

谷町線で活躍した車両は、改造後も同じ車両番号で中央線の営業運転に就いた。

　一方、大阪市交通局では2代目20系が制御装置更新の時期を迎えており、全車高速化及びワンマン運転対応改造を実施のうえ、中央線に集結。入れ替わりに、24系第5編成以降を谷

第5章 — 私鉄・公営通勤車両編

谷町線22系第62・63編成は、元大阪港トランスポートシステムOTS系で、運行業務移管後は24系に編入された。

町線22系として、順次転属させた。

2代目20系の高速化及びワンマン運転改造は、試作車から始まり、VVVFインバータ制御をIGBT素子に、ゲート制御装置もそれぞれ取り換えられた。

このほか非常用貫通扉にワイパー、屋根上に車外スピーカーをそれぞれ設置。また、谷町線から中央線に移った車両は抑速ブレーキも設置し、近鉄との相互直通運転に備えた。24系については、制御装置の更新は行なわず、ワンマン運転対応改造などにとどめた。

2代目20系の改造工事は、2006年8月2日(水曜日)で完了した。

➡ 283

試作車が30年の歴史に幕

1号車の"さらばヘッドマーク"。

6号車の"さらばヘッドマーク"。

　2014年7月24日(木曜日)、突如試作車に勇退記念装飾ステッカーが貼付された。機器を更新してから10年しかたっておらず、あと5〜10年活躍できると思うが、8月21日(木曜日)をもって、営業運転を終了した。

中央線にコンバートされた四つ橋線23系第6編成。

第5章 — 私鉄・公営通勤車両編

　その理由は、2013年3月23日(土曜日)のダイヤ改正で、四つ橋線23系の車両運用数を1編成減らし、余剰車が発生。大阪市交通局が車両運用計画の見直しを協議したところ、23系第6編成の中央線転用改造と、試作車の廃車を決めたのだ。

　試作車は2014年8月24日(日曜日)に森之宮検車場で行なわれた「保存車両特別公開 in 森之宮検車場」というイベントで、23系第6編成改め24系第56編成と肩を並べ、"仕事の引き継ぎ"を来場者に披露した。これが最後の姿となり、翌日廃車された。

　なお、量産車は引き続き中央線の顔(エース)として活躍するほか、24系は"生え抜き"全4編成のリニューアルを完了。VVVFインバータ制御も更新された。

【おとこわり】

　大阪市交通局は、2018年4月1日(日曜日)に民営化され、大阪市営地下鉄とニュートラムは「大阪市高速電気軌道」(愛称：Osaka Metro)、大阪市営バスは「大阪シティバス」に生まれ変わりました。

　本書では著者の意向により、「大阪市交通局」のままといたしました。何卒御了承願います。

「マルコ」から「moving M」へ。(提供：大阪市高速電気軌道)

➡ 285

東京急行電鉄1000系

一部は中小私鉄へ移籍した使い勝手のいい車両

終点菊名到着後、各駅停車北千住行きとして折り返す。

東急東横線は、2013年3月16日（土曜日）に大規模相互直通運転"首都圏Yライン"がスタートすると同時に、49年間続いていた東京メトロ日比谷線との相互直通運転を打ち切り、新時代に突入した。

第5章 — 私鉄・公営通勤車両編

運輸省(現・国土交通省)の指示で決まった 相互直通運転

　東京メトロ日比谷線、東武伊勢崎線、東急東横線の線路がつながるきっかけになったのは、1957年6月13日(木曜日)のこと。運輸省の運輸事務官は、営団地下鉄総裁、東京都交通局長ならびに、東武、東急、京成、京急の各社長を呼び出し、東京高速鉄道網1・2号線が開業後、環境が整い次第、列車の相互直通運転実施を指示した。

　これにより、東京高速鉄道網1号線、のちの東京都交通局都営1号線(都営浅草線)は、京成、京急との相互直通運転が決まった。一方、東京高速鉄道網2号線、のちの営団地下鉄日比谷線は、東武と東急との相互直通運転が決まったが、東武の電車は東急東横線、東急の電車は東武伊勢崎線にそれぞれ足を踏み入れないことになった。

　日比谷線は1961年3月28日(火曜日)、南千住―仲御徒町間が開業すると、1962年5月31日(木曜日)の仲御徒町―人形町間、北千住―南千住間の延伸開業と同時に、東武伊勢崎線との相互直通運転がスタートした。当時、営団地下鉄と東武による相互直通運転は、北越谷―人形町間だった。

　その後、日比谷線は順調に延伸し、1964年8月29日(土曜日)の東銀座―霞ケ関間開業により全通、併せて東急東横線中目黒―日吉間との相互直通運転がスタートした。

　当時、営団地下鉄は3000系、東武は2000系、東急は日本初のオールステンレスカー、初代7000系の一部を日比谷線直通用にあてていた。

東京急行電鉄1000系

➡ 287

営団地下鉄冷房車解禁で1000系登場

東京メトロと東武の日比谷線用第2世代車両は、2017年から第3世代車両に置き換えられている。

　営団地下鉄は、1988年から車両冷房が"解禁"になった(銀座線、丸ノ内線は1990年から)。日比谷線用の第2世代車両として、東武は1988年1月に20000系、営団地下鉄は6月に03系をそれぞれ登場した。

　一方、東急は夏が終わった10月に、1000系が登場した。同じ年に日比谷線用第2世代車両が相次いで登場したことになる。3事業者とも旅客サービス向上のため、冷房車の投入が急務だったのだ。

　1000系は、9000系をベースにした車両で、前面デザインはほぼ同じながら、違いを表すかの如く、急行灯(補助標識灯)、種別幕、方向幕、運行番号表示器を黒で囲み、車体長は日比谷線直通に合わせ18メートルとした。

　客室はロングシートで、9000系と同様に一部仕切りを設け、

⇒ 288

第5章 ── 私鉄・公営通勤車両編

東横線渋谷─代官山間(地上時代)を走行する9000系。

終点北千住に到着する1000系。

座席定員通りの着席を促進している。9000系では車端部にボックスシートを設けていたが、1000系では省略した。

車体側面には車外スピーカーを1両につき4台設置し、車掌の肉声放送のほか、乗降促進ブザーが流れる。ブザーを鳴らし

たあとに発する「扉が閉まります。御注意ください」は、営団地下鉄車内自動放送担当の清水牧子とし、営団地下鉄の民営化で東京メトロに変わっても、音声の更新はなかった。

1000系は12月26日(月曜日)にデビュー。前面の種別幕は、日比谷線中目黒方面と東横線下りは黒幕、東横線上りと日比谷線北千住方面は「日比谷線直通」をそれぞれ表示して営業運転を行なった。

営団地下鉄03系、東武20000系と大きく異なる点は、制御装置（営団地下鉄03系は高周波分巻チョッパ制御、東武20000系はAFEチョッパ制御）、運転台のハンドルである。1000系は東急標準のワンハンドルマスコンに対し、ほかはオーソドックスなツーハンドルタイプだ。

分割編成や日比谷線に直通しない編成も登場

登場時(8両固定編成)

←北千住　　　　　　　　　　　　　　　　　　　　　　　　　　　菊名→

号車	1	2	3	4	5	6	7	8
形式	クハ1000形	デハ1250形	デハ1200形	デハ1350形	デハ1300形	デハ1450形	デハ1400形	クハ1100形
	Tc2	M2	M1	M2	M1	M2	M1	Tc1

※監修：東京急行電鉄

1000系は電動車の数を減らすメリットがあるVVVFインバータ制御を採用したが、営団地下鉄の乗り入れ協定から、比較的高い加減速度が要求されているため、6M2T(中間車はすべて電動車)とした。

第5章 — 私鉄・公営通勤車両編

分割編成登場時、4・5号車の先頭車は、左右対称のデザインとなった。

分割編成

←北千住／目黒　　　　　　　　　　　　　　　　　　　　　菊名／蒲田→

号車	1	2	3	4	5	6	7	8
形式	クハ1000形	デハ1200形	デハ1350形	デハ1310形	クハ1000形	デハ1200形	デハ1350形	デハ1310形
	Tc2	M	M2	M3c	Tc4	M	M2	M1c

　当初は8両固定編成だったが、1990年3月に4＋4の分割編成が登場した。東横線、日比谷線運用時は8両編成、目蒲線（現・目黒線、東急多摩川線）運用時は4両編成の運転にそれぞれ対応するためだ。東横線、日比谷線運用時は"中間車"と化す先頭車の前面デザインも変更され、非常用貫通扉が中央に配置され、内開き式となった。

4両固定編成

←目黒　　　　　　　　　　　　　　　　　　　　　蒲田→

号車	1	2	3	4
形式	クハ1000形	デハ1200形	デハ1200形	デハ1310形
	Tc2	M	M	M1c

東京急行電鉄1000系

→ 291

4＋4の分割編成は9月にも投入されたが、わずか2組で終わり、「代わり」と言えばいいのか1991年9月から10月にかけて、1000系4両固定編成が登場した。日比谷線直通機器を省いたことや機器の仕様変更などが特徴で、目蒲線に集中投入された。

3両固定編成

←多摩川／五反田　　　　　　　　　　　　　　　　　　　　　　　　　　蒲田→

号車	1	2	3
形式	クハ1000形	デハ1200形	デハ1310形
	Tc2	M	M1c

　ところが1993年早々に状況が一変する。1991年に増備されたばかりの目蒲線用4両固定編成を、すべて池上線にコンバートされることになったのだ。4両固定編成は1両を脱車し、新製された前後の先頭車に連結させて対応した。このほか、3両固定編成の新製車も登場した。1000系は総勢113両となり、増備を終えた。

　1000系の池上線運用は1993年1月30日(土曜日)から始まり、3月末までには目蒲線から撤退した。なお、2000年1月に4＋4の分割編成1組が日比谷線直通運用から外れ、4両固定編成として目蒲線にコンバートされた。

目蒲線の分割から1000系及び日比谷線直通列車に変化

　2000年8月6日(日曜日)、目蒲線(目黒－蒲田間)は、目黒線(目黒－田園調布間)、東急多摩川線(多摩川－蒲田間)に分割され、田

園調布—多摩川間は営業列車の運転が休止となった。目蒲線の分割に伴い、東急多摩川線、池上線は3両編成に統一された。目蒲線で活躍していた1000系4両編成は中間車1両を脱車し、転用先や新製車との挿入もなく休車となった。

　時代は21世紀に入ると、1000系だけではなく、日比谷線直通列車にも変化が訪れる。

　2001年3月28日(水曜日)のダイヤ改正で東横線の速達性、利便性を向上させるため、特急の運転を開始。日中の各駅停車は日比谷線直通列車を除き、自由が丘と菊名で特急もしくは急行に接続し、スピーディーな移動ができる。

　これに伴い、日比谷線との相互直通運転は、日中15分間隔から30分間隔に変わり減便され、1000系は日比谷線内の運用が多くなった。

　2003年3月19日(水曜日)に東武伊勢崎線と営団地下鉄半蔵門線、東急田園都市線との相互直通運転が始まると、北千住付近では、3階引上線で待機する1000系、1階伊勢崎線を走行する8500系、2代目5000系が"一時的"に顔を合わせた。昔も今も東横線と田園都市線の渋谷は、ホームの位置が異なっており、双方の車両が顔を合わせることがない。

分割編成の8両固定編成化

←北千住　　　　　　　　　　　　　　　　　　　　　　　　菊名→

号車	1	2	3	4	5	6	7	8
形式	クハ1000形	デハ1350形	デハ1200形	サハ1050形	デハ1350形	デハ1200形	デハ1350形	デハ1310形
	Tc2	M2	M1	T	M2	M1	M2	M1c

　9月、休車中の中間車2両が日比谷線直通車として復帰することになり、このうちデハ1350形はサハ1050形に改造された。代わりに分割編成の4・5号車が外され、8両固定編成に

変更された。

横浜高速鉄道みなとみらい21線開業で直通列車運転

　同年秋頃から2004年2月1日(日曜日)に開業する横浜高速鉄道みなとみらい21線直通に備え、元住吉検車区所属の東横線車両を対象に、方向幕、種別幕の更新が行なわれた。今まで各駅停車は行先のみだったのが、「各停」という表示が追加され、わかりやすくなった。1000系の場合、日比谷線北千住を発車し、境界駅の中目黒に到着すると、東急の車掌は前面の種別幕を黒地無表示から「各停」に、車体側面の方向幕をおもに「菊名」から「各停菊名」に変えている。

　このほか、2004年11月から2005年3月にかけて、日比谷線直通対応車のみ、ドアチャイム、乗降用ドア上の一部に旅客情報案内装置(3色LED式2段表示可能)の取りつけ改造が行なわれ、利便性の向上などに努めた。

臨時急行〈横浜みらい〉。

　1000系がもっとも輝く"舞台"として、2004年5月4・5日(日〔国民の休日〕・月曜日〔こどもの日〕)、臨時急行〈横浜みらい〉が北千住―元町・中華街間で2往復運転された。方向幕の行先表示に「元町・中華街」を備えており、"横浜都心"へのダイレクトアクセスとして好評を博す。なお、日比谷線内は急行運転、東横線、みなとみらい21線内は通勤特急と

同じ駅に停車した。

　8月22・29日(日曜日)にも臨時急行〈みなとみらい〉を運転。列車愛称変更に加え、東横線、みなとみらい21線内の停車駅は急行と同じ駅に変更された。12月下旬からは、"元祖"に追随するかの如く、埼玉高速鉄道浦和美園発着、都営三田線高島平発着の臨時列車〈みなとみらい号〉が登場し、都内から横浜方面へのアクセス列車が"花盛り"となる。

　なお、臨時列車〈みなとみらい号〉は、2011年12月24日(土曜日)を最後に運転されていない。

2代目7000系登場で廃車発生

2代目7000系は、長年続いていたコーポレートカラーの赤帯を廃した。

2007年12月、18メートル車しか入線できない東急多摩川

線、池上線用として2代目7000系が登場し、両線で活躍する1000系、7600系、7700系の一部を置き換える役割を担った。

　この影響で車齢が若い1000系6両が2008年3月10・18日(月・火曜日)付で廃車された。以降、2016年10月20日(木曜日)まで61両が廃車され、一部は上田電鉄、伊賀鉄道、一畑電車、福島交通にそれぞれ譲渡された。

日比谷線との相互直通運転打ち切り

　2012年7月24日(火曜日)、東急と東京メトロは、東横線渋谷―代官山間の地下化及び、副都心線ほかとの相互直通運転を2013年3月16日(土曜日)より実施、東横線と日比谷線との相互直通運転も前日の3月15日(金曜日)に打ち切ることを発表した。

　東急によると、東横線と副都心線の相互直通運転によるネッ

日比谷線との相互直通運転打ち切りにより、東横線は全列車20メートル4ドア車に統一。

➡ 296

トワークの変化に伴い、都心方面への乗客の流れが変化すること。2020年度を目標にホームドア(東横線、大井町線、田園都市線)を整備する予定であるため、車両の長さや乗降用ドアの位置を統一する必要があること。中目黒において同一ホームで日比谷線始発列車に乗り換えられるので、総合的に勘案し、日比谷線は全列車中目黒発着に統一し、東横線の上り列車はすべて渋谷・副都心線方面行きとしたという。

　実は副都心線が2008年6月14日(土曜日)に開業したときから、渋谷地下駅及び副都心線のホームドアが20メートル車4ドア車のみ対応しており、18メートル車の直通は乗降用ドアの数に関係なく、事実上不可能である。

　渋谷地上駅時代は日比谷線で運転見合わせが発生すると、「北千住行き」を「渋谷行き」に変更し、ダイヤ乱れを最小限に抑えていたが、地下ホームはコンパクトな構造となり、引上線もないことから、日比谷線直通車両を受け入れる余裕もない。

　2013年3月15日(金曜日)をもって、9000系と1000系は東横線から撤退した。9000系は大井町線に転用されており、各駅停車の主力として、まだまだ活躍する。

1000系1500番代

←多摩川／五反田　　　　　　　　　　　　　　　　　　　　蒲田→

号車	1	2	3
形式	デハ1500形	デハ1600形	クハ1700形
	Mc	M	Tc
備考			
1524Fは下記の通り。 1524(Tc)－1624(M)－1724(Mc)			

　一方、1000系については、先述した一部車両譲渡のほか、2016年11月12日(土曜日)まで24両が1500番代化改造を受

1000系1500番代は、3両編成化や客室のリニューアルなどを実施。

け、東急多摩川線、池上線に運用されている。

　現在、オリジナル、1500番代とも各8編成24両が両線の主力として活躍。また、緊急予備車両が4両あてられており、計52両在籍している。

　これに伴い、7600系は引退、7700系は一部廃車が発生したほか、2代目7000系の増備により、2018年度中に引退の予定だ。

【緊急予備車両】

　事故などにより使用不能となった営業車両の代替として、「常に使用できる状態にある車両」のこと。2004年1月から施行している。

　2018年3月31日（土曜日）時点、緊急予備車両は、1000系4両、5050系4000番代2両の計6両である。

➡ 298

第5章 ― 私鉄・公営通勤車両編

中小私鉄で活躍する元東急1000系

上田電鉄1000系『自然と友だち2号』。(撮影:裏辺研究所)

上田電鉄6000系『さなだドリーム号』。(提供:上田電鉄)

➡ 299

伊賀鉄道200系。

一畑電車1000系。(提供:一畑電車)

第5章 — 私鉄・公営通勤車両編

福島交通1000系。(撮影:柳沼真一)

東京急行電鉄1000系

➡ 301

東武鉄道30000系

波瀾万丈の通勤形電車

これほどまでに変動の激しい私鉄の通勤形電車は珍しい。

8000系は私鉄最多712両新製という「記録に残る車両」なら、30000系は総数150両ながら「記憶に残る車両」といえる。東武の車両では初めて1都4県を走破し、フットワークの良さがある半面、社内情勢に振り回されることが多かった。

第5章 — 私鉄・公営通勤車両編

混雑緩和が急務

　営団地下鉄は1993年5月18日(火曜日)、半蔵門線水天宮前
―押上間の第1種鉄道事業免許を運輸省に申請した。

　この延伸は、JR東日本常磐線、東武伊勢崎線、営団地下鉄
日比谷線、千代田線が集まる東京都足立区最大の駅、北千住の
混雑緩和対策だった。そして、半蔵門線と東武が相互直通運転
をすることも基本合意に達しており、都心への新ルート開拓に
よって日比谷線、千代田線の混雑緩和を構想したのである。

　運輸省は1995年3月20日(月曜日)、東武が申請していた特
定都市鉄道整備積立金制度による輸送力増強工事を認めた。そ
の内容は半蔵門線との相互直通運転、野田線の一部区間複線
化、東上本線(以下、東上線)複線改良工事という"3本の矢"であ
る。

相互直通運転に先駆けて登場した30000系

　半蔵門線、東急田園都市線直通を前提とした30000系は
1996年11月に6両車と4両車の2種類が登場した。最大の特
徴は、運転台の主幹制御器を東武初のワンハンドルマスコンに
したことだろう。関東地方の電車は、ワンハンドルマスコンが
主流だったため、東武は運転台の近代化が遅れていた。

　当時、東武の通勤形電車(地下鉄直通用を除く)は、8000系をか
たくなに20年間も増備していたことと同様に、10000系(1983
年登場)、10030系(1988年登場)も界磁チョッパ制御という、省

→ 303

エネ車両としながらも運転台は昔ながらのツーハンドルという"昔ながらのスタイル"を通していた。

　1990年代に入ってからの新型電車は、VVVFインバータ制御を採用するところが多くなった。東武でVVVFインバータ制御を採用した車両は、10080系(1988年登場)、100系(1990年登場)、20050系(1992年登場)、9050系(1994年登場)で、30000系は5つ目となる。過去のVVVFインバータ制御の主回路素子は、いずれもGTOサイリスタだったが、30000系ではIGBTとした(10080系は2007年、IGBTに換装された)。

20世紀に新製された車両は、増備途中で座面をバケット化。

21世紀の増備車は、袖仕切りが大型化された。

30000系の車内は寒色系だが、国鉄車のような冷たさはない。なお、増備途中からロングシートをバケットタイプ、乗降用ドア付近の仕切りを大型化するなどの変更点があり、50000系グループ以降にも受け継がれた。

　乗務員室の内装はグリーンからグレーに変わり、落ち着いた色調だ。参考までに、JR東日本の首都圏車両では、209系からグレーとなっており、東武は追随したような格好だ。

　そして、車内の車端部に掲示する車両番号は、今までの「クハx」、「モハy」、「サハπ」から、数字のみとなり、1800系通勤形改造車、50000系グループ、500系Revatyなどにも受け継がれている。

　乗降用ドア上の旅客情報案内装置は、20050系、9050系のLCDからLEDに変更された（のちに両車のLCDが劣化したため撤去し、50000系グループに準じたLEDを千鳥配置させた）。種別、行先表示、次駅案内表示ができるものになり、わかりやすくしたが、すべての乗降用ドア上に設置されていない難点がある。

見やすく、わかりやすい車体側面のデジタル方向幕。

　車体側面の3色LED式デジタル方向幕は、ヨコナガを採り入れ見やすくした。これは「東武動物公園行き」に対応したものと思われる。実際、8000系修繕車などは小型のため窮屈な表示で、50000系グループなどはやや大きめとなっているが、それでも見やすさは30000系が上だ。

30000系は田園都市線直通に対応するため、急行灯(補助標識灯)も設けられたが、東急がその使用をとりやめたため、4・6両車とも第11編成以降は省いている。
　半蔵門線押上延伸及び相互直通運転は、2000年実施を予定していたので、30000系は伊勢崎線草加―越谷間の高架複々線化に伴う輸送力増強用として、1997年3月25日(火曜日)のダイヤ改正にデビュー。当時、6両車1本、4両車2本が用意され、10000系、10030系、10080系(以下、10000系グループ)と混結する運用があった。

10000系グループとは相性がイマイチ?!

10000系オリジナル車。

第5章 — 私鉄・公営通勤車両編

10000系修繕車(リニューアル車)。

　30000系には自動放送装置とドアチャイムが装備されており、10000系グループと混結している場合、前者が優先的に作動する。しかし、10000系グループが後部に連結している場合、30000系はドアチャイムが鳴らず、旅客情報案内装置が作動しないこともある。

　また、30000系が前部に連結されている場合、自動放送装置や旅客情報案内装置で誤った内容が流れると、後部(10000系グループ)に乗務している車掌はなすスベがない。停車中に運転士が速度計の右側にある車両情報制御装置(LCD式カラーディスプレイ)を操作し、軌道修正しなければならないからだ。

　30000系が後部の場合、車掌が乗降促進ブザー(「ウーッ、扉が閉まります。御注意ください。扉が閉まります。御注意ください」と流れる)を操作すると、前部に連結されている10000系グループの客

東武鉄道30000系

室にも響き渡る。実際に乗ってみると、10000系グループとの相性がイマイチという印象がある。だが、2007年から10000系グループの修繕工事が始まり、自動放送装置、乗降促進ブザー、旅客情報案内装置が設置されると、30000系混結時の欠点がなくなった。

実は30000系単独運転時にも欠点があり。乗降促進ブザーは最初の3秒が車内に流れることだ。「ウーッ」を3秒以下で切り上げると、フレーズの一部も車内に流れている。

30000系は1996年から2003年まで150両が新製され、すべて4両車と6両車のみだった。

登場から7年後、"本来"の運用に就いたが……

大規模相互直通運転初日の30000系。

第5章 — 私鉄・公営通勤車両編

2003年3月19日（水曜日）、当初の予定より3年遅れて半蔵門線水天宮前—押上間、イーハー東武（伊勢崎線押上—曳舟間。2002年秋に思いついた造語）が同時開業した。

「半蔵門線直通」を入れることで、"日比谷線直通列車ではない"ことをアピール。

イーハー東武は、特定都市鉄道整備積立金制度による伊勢崎線業平橋（現・とうきょうスカイツリー）—曳舟間の複々線で、運輸省に認可されているため、新線扱いではない。実際、押上及びとうきょうスカイツリーで運賃表を眺めると、押上—とうきょうスカイツリー間の運賃は無表示である。蛇足ながら、押上から東京都交通局都営浅草線に乗り、浅草で伊勢崎線に乗り換える場合、乗車券の運賃が大人330円（IC運賃318円）必要になる。

2つの開業により、日光線南栗橋から半蔵門線を介し、田園都市線中央林間まで、98.5キロ（営業キロ）に及ぶ相互直通運転がスタートした。これにより、30000系はようやく本来の運用に就くことができた。

当時のイーハー東武は、朝ラッシュ10分おき、日中20分おき、夕ラッシュ15分おきで利便性はいまひとつ。種別は通勤準急と区間準急の2種類で運行さ

大規模相互直通運転開始記念のヘッドマーク。

3 東武鉄道30000系

→ 309

れ、伊勢崎線曳舟—北千住間ノンストップ運転とした。

　通勤準急は主に平日下りの夕ラッシュ時に運転され、旧準急(現・区間急行)より格上となり、速達性を重視した。一方、区間準急は旧準急より格下ではあるが、日中の前者は10両編成に対し、後者は6両編成というアンバランスさで、乗客のニーズに合っていない印象があった。

　それに加え、区間準急は下り浅草発1本を除き曳舟—北千住間をノンストップとしたため、種別の"意味"がわかりにくい面もあった。

　イーハー東武の運転本数が少ない影響で、30000系は朝晩を除き、半蔵門線押上—田園都市線中央林間間の運用が多かった。それでも、ここから全盛期を迎えたのである。

フットワークの良さを活かした臨時電車

　大規模相互直通運転を記念して、2003年3月29・30日(土・日曜日)に、中央林間—東武日光・鬼怒川温泉間に臨時電車〈3社直通運転記念号〉を運転した(3月29日は往路、3月30日は復路)。中央林間—東武日光間は182.6キロ、中央林間—鬼怒川温泉間は187.9キロという、通勤形電車にとってはロングランである。この列車の田園都市線内では急行運転、半蔵門線内では各駅停車、東武線内では快速運転とし、定期の快速が通過する曳舟、南栗橋にも停車した。

　臨時電車〈3社直通運転記念号〉は南栗橋で編成を分割併合し、6両車は東武日光編成、4両車は鬼怒川温泉編成として運転。北千住と新大平下で"トイレ休憩"という名目で、停車時間を

➡ 310

とった。

　広大なネットワークを活かしたロングランの第2弾として、2005年から2010年までのゴールデンウイークに臨時電車〈フラワーエクスプレス号〉を運転した。この列車は、田園都市線内では急行運転、半蔵門線内では各駅停車、東武線内では快速(押上―東武動物公園間で、曳舟にも停車)と特急〈りょうもう〉(東武動物公園―太田間)の停車駅に停まった。当初は中央林間―太田間(営業キロ141.9キロ)の運転だったが、2006年以降は長津田―太田間(営業キロ136キロ)に変更されている。この列車の"トイレ休憩"は、4両車の増解結を行なう館林のみとなった。いずれも4両車＋6両車の分割編成が功を奏した格好である。

　東武は2006年3月18日(土曜日)から、半蔵門線、田園都市線直通の利便性を向上させるべく、イーハー東武のダイヤをほ

臨時電車〈フラワーエクスプレス号〉。

ぼ10分おきに変更。合わせて、東武側の相互直通運転区間を伊勢崎線東武動物公園―久喜間にも拡大した。種別も通勤準急は「急行」、区間準急は「準急」に変更された。伊勢崎線、日光線のダイヤも大幅に見直し、長年の運行態勢を変えたのだ。

30000系は、曳舟手前の押上や清澄白河で折り返す運用が多かったため、"東武直通運用が増える"ものと誰もが思っていたことだろう。しかし、予想外の展開を待ち受けていた。

30000系の大半が地上運用に戻される

50050系は、2009年8月まで18編成投入された。

2005年11月、早くもイーハー東武の次世代車両50050系が登場した。半蔵門線、田園都市線の混雑率を考慮し、中間に運転台がない10両固定編成である。第1編成は輸送力増強の

第5章 — 私鉄・公営通勤車両編

地上運用復帰後、伊勢崎・日光線のほか、宇都宮線の運用にも就いた。

一環だったが、第2編成以降は30000系に搭載された半蔵門線、田園都市線の直通機器を移している(一部の編成を除く)。

これにより、30000系は2005年から4・6両車とも第13編成を皮切りに、イーハー東武運用を外れ、デビュー時の地上運用に戻された。

地上運用復帰という形となった30000系は先述した直通機器のほか、急行灯、運行番号表示LEDなどの撤去が行なわれた。ただし、4・6両車の第3編成は2008年に復元工事が行なわれ、1年間だけ"奇跡の復帰"を果たした。現在、本来の運用をこなす30000系は、4・6両車とも第6・9編成のみである。

2011年1月26日(水曜日)から車両機器の改修を効率よく行なうため、東上線森林公園検修区への転属を開始。現在は全体の約8割となる130両が新天地に移った。

東武鉄道30000系

➡ 313

東上線コンバート車は"古巣に戻らない"ことを前提にしているかの如く、デジタル方向幕、デジタル種別幕(前面のみ)、自動放送、旅客情報案内装置、主幹制御器の更新、運転台表示器(速度計など)のLCD化、中間運転台機器や排障器(クハ36600・31400形)、電気連結器(クハ36100・34400形)の撤去などを実施した。これにより、10両固定編成化された。

　なお、こちらも地上運用のみで、東京メトロ有楽町線、副都心線への直通運転はない。

今や東上線の主力車両に。

➡ 314

第5章 — 私鉄・公営通勤車両編

東上線転属に際し、クハ36600・31400形は中間車化され、サハ36600・31400形に変更。

東武鉄道30000系

東京メトロ 06系、07系
旧型新世代車両の意欲作

千代田線の主役は16000系（左側）に変わった。

1980年代前半から1990年代中盤にかけて、当時の営団地下鉄では、「0X系」シリーズの車両が新風を巻き起こした。変わった呼び名の形式であるほかに、旧型車両を置き換える役割を持っていた。ところが、06系、07系は6000系、7000系を脅かす存在になれなかった。

Gentle & Mild

　東京メトロ06系、07系は、営団地下鉄時代の1992年12月に登場した。01系から続く、今となっては"旧型の新世代車両"である。その証として、01系、02系、03系、05系までは、高周波分巻チョッパ制御を採用していた(登場した年から1992年まで)。

　ところが、06系、07系はVVVFインバータ制御を採用した。実は01系を設計する際、リニアモーター駆動やVVVFインバータ制御を採用する案があったが、当時はコスト高や時期尚早を理由に見送られていた。

　営団地下鉄がVVVFインバータ制御の採用に踏み切ったのは、1991年夏のことで、05系第14編成(ワイドドア車)と9000

有楽町線で活躍していた頃の07系。

系だった。前者は試験的な搭載、後者は路線条件などの理由で、大容量の主電動機が必要だったためである。

当時のVVVFインバータ制御は、GTOサイリスタ素子で、発進時と到着時のカン高い音が難点だった。その後、技術開発により、IGBT素子を採用したところ、静かな音が実現した。その後、IGBT素子はVVVFインバータ制御の標準となり、多くの鉄道車両に普及した。

さて、06系は千代田線、07系は有楽町線にそれぞれ投入された。車両コンセプトは「Gentle & Mild」で、従来の新世代車両に比べ、新機軸を盛り込み、さらに意欲的な車両となった。

まず、乗務員室。今まで営団地下鉄の乗務員室の内装は、客室よりも暗いグリーン系だった。乗客がそこに入ることは、鉄道事業法により禁止されているので、気にすることではないのかもしれない。

営団地下鉄の乗務員室では、9000系がベージュ系の内装を採用しており、06系、07系にも踏襲され、明るい雰囲気となった。その後、05系フェイスチェンジ車(第25編成以降)、営団地下鉄最後の新形式車両08系や、東京メトロ最初の新型車両10000系などにも受け継がれている。

06系、07系の運転台は相互直通運転先を考慮し、03系、05系と同じオーソドックスなツーハンドル式を採用した。9000系や旧型の新世代車両と異なる点は、前照灯と尾灯は角型から丸型に変更されたこと、営団地下鉄では初めて、スカート(排障器)を取りつけられたことである。

座席は着席区分が明確なバケットタイプのロングシートで、従来の20メートル4ドア車(中間車)は3・7・7・7・3人掛けが

⇒ 318

06系の車内。基本的には07系と共通している。

標準となっているが、06系、07系は4・6・7・6・4人掛けとし、ドアピッチ(乗降用ドアと乗降用ドアの間隔)も異なっている。これは先頭車の長さを20070ミリとしたためで、中間車よりも70ミリ長い。加えて運転台にスイッチ類を集約し、運転席背面の窓を大きくしたため、乗務員室の長さが1900ミリ必要となったからである。

蛇足ながら、10000系の乗務員室の長さは、2160ミリで07系より格段に広い。車体長も20470ミリ(中間車は20000ミリ)あるため、ロングシートは従来の20ミリ4ドア車と同じ3・7・7・7・3人掛け(中間車)とした。

さて、側窓はJR東日本209系と同様のワイドなものを採用し、一部は固定式とした。209系と異なるのは、熱線吸収ガラスを採用していないことで、06系、07系はカーテンが設置された。

客室の乗降用ドア上には、LED式の旅客情報案内装置を設

省エネ電車のパイオニア、6000系。

け、形状は03系、05系に比べ、ソフトになっている。営団地下鉄時代、駅停車中、03系は「この電車はx行きです」、05系は「この電車はx行きです　次はy」とスクロール表示するが、06系、07系は駅名のみとなっている。但し、2004年4月1日(木曜日)に営団地下鉄の民営化で東京メトロに変わると、旅客情報案内装置は、すべて05系で表示しているものに共通化された。その後、06系は元に戻し、03系は相互直通運転区間の見直しにより、06系と同仕様に変更されている。

　車体の帯は、06系は千代田線のラインカラーであるグリーンをベースに、ホワイトと薄いパープル(藤色)で引き締めた。07系は、有楽町線のラインカラーがゴールドながら、7000系と同じ黄色をベースにホワイトとブルーで引き締めた。いずれも前面と車体の帯はホワイトを除き、上下の色配置が逆転している。

　06系、07系は1993年3月18日(木曜日)にデビューした。今

➡ 320

第5章 — 私鉄・公営通勤車両編

7000系は副都心線開業後、8両車と10両車の2種類に分かれた。

まで営団地下鉄の旧型新世代車両は、在来車の置き換えを目的としていたが、06系、07系は輸送力増強の一環という名目だった。これは6000系、7000系は冷房化改造を開始して5年しか経過していないことや、まだ廃車の段階になっていないことがあげられる。

5000系アルミ車の廃車と6000系、7000系のリニューアル

　同年8月2日(月曜日)、5000系アルミ車(車両番号5453)が1両廃車となった。車両は日本軽金属協会に譲渡し、解体作業と並行して、劣化状態調査を行なったところ、20年以上たっても劣化しないことがわかった。車両寿命の算定をすることはでき

5000系はセミステンレス車(左側)と、アルミ車(右側)の2種類。

06系がもっとも輝くときは、車両基地イベントなのかもしれない。

第5章 — 私鉄・公営通勤車両編

なかったものの、営団地下鉄は"アルミ車両の寿命40年"が可能と確信した。

　なお、廃車となった5000系アルミ車は、05系第24編成にリサイクルされた。リサイクル部材は吊手棒受け、網棚受け、ラインデリア受け、床下の機器吊り、腰掛受け、屋根構体垂木、屋根構体縦桁、屋根上クーラー用のシールゴム受けに使われている。

　営団地下鉄はアルミ車両をできるだけ長く活躍させるべく、6000系、7000系は1988年から全編成を対象に先述の冷房化改造を実施。1990年代に入ると、車両のリニューアルが活発となり、6000系は1995年以降、7000系は1997年以降、VVVFインバータ制御や方向幕の3色LED化(6000系は1990年度から実施)の更新が軸となった。

　21世紀に入ると、一部の乗降用ドア上にLED式の旅客情報案内装置の設置、乗降用ドアの更新も行なわれた。VVVFインバータ制御も技術が向上したことから6M4Tから5M5Tへ。編成全体の軽量化に貢献している。

　これが大きく影響したのか、06系は1度も増備されず、1編成のまま。07系は6編成まで増やしたが、その後はまったく増備されなかった。

有楽町線から追われた07系

　旧型新世代車両であるにもかかわらず、主役の座をつかめない06系、07系に大きな出来事が起きた。

　2006年9月、07系の一部が東西線にコンバートされること

➡ 323

10000系は副都心線だけではなく、有楽町線の主力にも成長。

になった。理由は2つある。

　1つ目は有楽町線、副都心線用として、2006年6月に10000系が投入されたこと。さらに副都心線各駅(渋谷—池袋間)及び、当時「有楽町線新線」と称されていた池袋—千川間(千川と要町は副都心線開業を機に、ホームの供用開始)にホームドア(可動式ホーム柵)を設置することになった。

　ホームドアを設置するには、車両の規格をそろえる必要がある。07系の場合、車体長、車体幅は、ほぼ合致する。ところが、ドアピッチだけが7000系及び、相互直通運転先4事業者(東武、西武鉄道、東急、横浜高速鉄道)の車両と異なる。ドアピッチが合わなければ、可動式ホーム柵がある路線に進入することが困難と判断されたのだ。

　2つ目は東西線に在籍する5000系を置き換えるためである。

　営団地下鉄時代から、保安装置のCS－ATC化を進めてお

第5章 — 私鉄・公営通勤車両編

東西線車両そろい踏み。

り、東西線はWS - ATC(「WS」はWayside：地上信号機式)のままだった。そのため、営団地下鉄時代の1999年から05系の増備を再開し、残る5000系を一掃する予定だった。

2005年度末の時点で残存していた東西線用5000系は4編成あり、07系は第3〜6編成が転用改造を受けた。おもな変更点は、運転台をツーハンドルから、左手操作のワンハンドルマスコンに更新され、併せてデッドマン機能を付加された。

保安装置は東葉高速鉄道との相互直通運転に備え、ATCはWS、CSの両方に対応したほか、JR東日本にも直通するため、ATS - Pの追設も行なわれた。

このほか、列車無線装置などの更新、TIS(Train Control Information Management System：車両制御情報管理装置)や冷房装置の改良、車体の識別帯も05系フェイスチェンジ車と同じ配色に変更された。

第1・2編成は有楽町線に残留となったが、今度は小竹向原にも可動式ホーム柵の設置が決定した。2007年10月、ついに有楽町線の運用を離脱し、休車となる。営団地下鉄の旧型新世代車両では、初の路線撤退となってしまう。

　その後、07系第1・2編成も東西線に移った。なお、第1編成は東西線転用改造後、2008年9月11日(木曜日)から約3か月間は、千代田線及びJR東日本常磐線で暫定運用された。そして、2009年3月、本来の新天地である東西線に移っている。

06系フォーエヴァー

　同年12月21日(月曜日)、東京メトロは千代田線新型車両16000系の投入を発表した。2010年8月に実車が入り、11月4日(木曜日)にデビューすると、2012年7月まで16編成が投入され、6000系電機子チョッパ制御車を置き換えた。6000系は分岐線用の「6000系ハイフン車」(抵抗制御車)を除き、すべてVVVFインバータ制御車に統一されたのだ。

　2015年に入ると、東京メトロは千代田線本線部(綾瀬―代々木上原間)にホームドアを設置させるため、16000系の増備及び、6000系と06系の全廃を決めた。シロート目で見たら、先輩の6000系が先に引退するものと思う人もいただろう。しかし、現実は違った。

　06系は8月8日(土曜日)付で廃車。先輩6000系よりも先に引退というまさかの展開となり、23年の歴史に幕を閉じた。10月に入ると、新木場CRで全10両が解体された。

　一方、6000系は16000系の投入が完了する2017年度に引

⇒ 326

第5章 — 私鉄・公営通勤車両編

16000系初期車の前面デザインは、10000系に準じていた。

16000系第6編成以降は、運転席の視界をより広げるため、前面デザインが変更された。

06系は、2015年1月29日(木曜日)の代々木上原発綾瀬行き53Sが最後の営業運転になった。

退するものと思われていたが、こちらは2018年9月現在も健在である。

　一方、07系は現在も全車が健在で、ドアピッチの異なる車両が多い東西線に移ったのが幸いした。東京メトロでは大開口ホームドアの実用化が成功しており、07系は末永く活躍するだろう。

　半蔵門線用の08系も含め、旧型の新世代車両でも、主役の座をつかむことはできなかった。だが、数が少なかったからこそ、これらの車両に乗ることができたとき、"運がいい"、"ツキがある"などといった気分にさせてくれる、"ラッキーな車両"といえるのではないだろうか。

第5章 — 私鉄・公営通勤車両編

営団地下鉄最後の新型車両08系は、2002年11月に登場。2003年2月まで6編成投入されたあと、1度も増備されていない。

東京メトロ06系、07系

⇒ 329

東京メトロ01系

日本の鉄道車両の概念を変えた名車

01系『くまモンラッピング電車』。

01系は銀座線の次世代車両として1983年5月に登場し、斬新で衝撃なデザインと車内設備は、同業他社に大きな影響を与えた。現代車両の基礎を作ったパイオニアと言えよう。

第5章 — 私鉄・公営通勤車両編

東京メトロ01系

車両の近代化計画が急務だった
銀座線、丸ノ内線

　営団地下鉄は、1981年1月に銀座線、丸ノ内線の車両更新計画を策定した。両線とも第3軌条方式の路線で、車両は抵抗制御、保安装置は打子式ATSだった。

　車両を更新するには、千代田線用6000系、有楽町線用7000系、半蔵門線用8000系で実績を持つチョッパ制御、日比谷線以降の標準保安装置となっているATC(当時、日比谷線、東西線はWS−ATC、千代田線、有楽町線、半蔵門線はCS−ATC。南北線、副都心線は未開業)の導入が課題となった。

　1982年1月の運賃改定に際し、銀座線の車両、駅の老朽化対策が議論された。「古い銀座線」、「地下鉄は暑い、うるさい」というイメージを打ち破るべく、「若者の世界の、若者の手による、若者のための電車」の投入を正式に決めたのである。

幻の1000系

　1983年5月、銀座線イメージアップの"切札"といえる01系が登場した。6000系、7000系、8000系の車両設計で蓄積した技術を活用しつつ、新たなチャレンジもした。

　車体はアルミを採用し、大型押出形材による溶接組み立て工法により、溶接工数が減少した。特に見た目は6000系、7000系、8000系に比べ、スマートに映る。車体は屋根肩部の隅を直線カットするという大胆なデザインだ。銀座線は車両規格が

➡ 331

小さいため、01系は裾を絞り車体幅を広げて、立客定員の増加を検討していたが、様々な面でクリアできず断念した（01系試作車は長さ16メートル、幅2.6メートル、高さ3.485メートル）。

前面のフロントガラスは可能な限り大きくするとともに、非常用貫通扉は、日本の鉄道車両では初めてプラグドアを採用した。これは、レイアウトの都合によるもので、従来の内開きドアに比べ、密閉度を高めることで、すきま風防止にも役立った。

当時、非常事態が発生した際は、第3軌条接触による感電事故防止のた

貫通扉が開いた状態。

め、乗客を線路に降ろさず、別の列車に連結して"逃げ道"を作り、ホームに誘導する方針だったため、乗務員室内に階段を設けなかった。

アルミ車体は塗装をする必要がないので、6000系、7000系、8000系と同様、側窓の下に識別帯を巻くことにした。しかし、銀座線のラインカラー、オレンジイエローのみだと単調な車両に映ってしまう。

そこで、アクセントカラーとして、「女性を美しく見せる色」と言われる黒、「知性」を表すと言われる白の細帯を追加し、落ち着きと品格を併せ持つ車両に映った。以来、ラインカラー

➡ 332

とアクセントカラーの組み合わせは、1988年以降の新型車両に受け継がれた(1000系特別仕様車を除く)。

車両形式については、東洋初の地下鉄電車、旧1000形にちなんだ「1000系」、東京高速鉄道網3号線(銀座線のこと)にちなんだ「03系」という案があった。結局、「もっとも古い路線」、「銀座線は第3軌条路線なので、他社線との相互直通運転がない」などが決め手となり、「01系」に決まった。

蛇足ながら、「9000系」は、のちに開業する南北線の車両に決めていた。

斬新と衝撃

"01系のDNA"は、02系以降も一部を除き継承。

01系は「斬新と衝撃」が詰まった車両だ。

側窓のサイズは2000形とほぼ同じとしたが、01系では一段下降窓を採用し、暖色系の車内と相まって、ひときわ明るくなった。車外のセンターピラーを黒色にすることで、大型1枚

01系冷暖房完備車の車内。

窓に見せる工夫をしている。

　インテリアは暖色系でまとめられているが、乗客への優しさを加味した"温かい車両"となっている。

　特長をいくつかあげると、1つ目は、乗降用ドアの上に車内駅名表示装置を設けた。日本初採用は1933年に発足した大阪市電気局（のちの大阪市交通局）初代100形だが1941年に廃止。その後、1971年に東京都交通局10－000形試作車にも採用されたが、量産車では不採用となり撤去された。01系の場合、停車中の駅及び次の駅を赤、進行方向の矢印を緑のランプが灯り、マイクロコンピューターで制御される（光はLEDを使用）。

　2つ目は、乗降用ドアの開閉時にやさしい音色のチャイムが鳴動する。ブザーは京都市交通局烏丸線用の10系で実績があるが、チャイムは過去に例がない。

　3つ目は、床敷物を外側茶色、内側ベージュとした。茶色はロングシートに坐る乗客の足の位置を暗示する"エチケットライン"で、車体幅が狭いため、足を投げ出さないようにするのが狙いだ。

第5章 ― 私鉄・公営通勤車両編

東京メトロ01系

　営団地下鉄として初搭載されたのは車外スピーカーで、試作車はルーバータイプを車体側面に取りつけた。車掌は車外からでも放送できるほか、こちらも初搭載の乗降促進ブザーを鳴らすことで、ホームのブザーボタンと同等の役割を担う。

　列車の駆動力を作る制御装置は、VVVFインバータ制御やリニアモーター駆動の採用を検討していたが、イニシャルコストが高く断念し、実績のあるチョッパ制御で落ち着いた。

　しかし、既存車(6000系、7000系、8000系)のチョッパ制御だと、小型の銀座線車両に艤装するには少し大き過ぎる面があった。営団地下鉄は新しい小形チョッパ装置として、界磁と電機子を独立して制御する高周波分巻チョッパ制御を開発。粘着性能の向上により、MT同数比(01系は6両編成なので、3M3T)となった。また、中間車の01－300形(T車)は、将来の性能向上を必要とする場合に備え、電装を想定した機器配置とした。

　高周波分巻チョッパ制御は、独特の音色を奏でて発車、到着する駆動音も斬新に聞こえた。現在はVVVFインバータ制御が主流となっているので、その斬新さは消滅するまで変わらない

広島高速交通6000系は、"最後の高周波分巻チョッパ制御車"になりそうだ。

➡ 335

だろう。ちなみに、営団地下鉄以外で高周波分巻チョッパ制御を採用したのは、横浜新都市交通1000形(2014年5月24日〔土曜日〕引退)、広島高速交通6000系のみだ。

01系で"画期的"といえたのは、1・6号車に電動発電機を搭載し、室内灯の電源としても使用することで、瞬間停電が解消されたことだ。銀座線は変電所の境目ごとに、線路脇に敷設された第3軌条(直流600ボルト)と第3軌条のあいだが離れており、旧型車両の多くは、台車に装架された集電靴から室内灯の電源を直接得ていた。そのため、ポイント通過時や駅到着前に室内灯の瞬間停電及び、予備灯を点灯していた。

このほか、将来のATC機器搭載に備え、ATC表示燈、ATC切換スイッチを設けた。

ここまで"いいことずくめ"だが、01系は「冷房装置がない」という大きな欠点があった。特に第3軌条車両の冷房装置は、大阪市交通局10系、名古屋市交通局5000形で実用化されていたが、当時の営団地下鉄では、駅とトンネルの冷房化を進めており、保有車両はすべて非冷房車だった。01系の場合、冷気が屋根肩部にある通風口に入り、客室のファンデリアから車内全体に流れた。もちろん側窓を下ろして、冷気を直接客室に取り入れることも可能だ。

01系は銀座線の旧型車両に倣い暖房

暖房未搭載車のロングシート。

➡ 336

装置も搭載されなかったが、地上区間が短いことや、冬場でもトンネル内は低温にならないので、"昭和生まれ"の車両は廃車されるまで非暖房のままだった。

予定より大幅に早めてデビュー

渋谷を発車した01系試作車。

01系は1984年秋のデビューに向けて、試運転を開始した。新しいものを満載した車両なので、しっかり走り込む予定だった。

ところがインターネットがない時代、日中の01系試運転列車を見た人々から問い合わせが多数発生した。営団地下鉄は、01系のデビューを1984年1月1日（日曜日・元日）、上野0時15分発の浅草行きに決める。新世代車両にふさわしい"元日デビュー"はまさに英断といえよう。

11月、01系量産車が登場。エクステリアは尾灯、車側灯のLED化、将来のATC化に備え、電機子チョッパ、界磁チョッ

パの周波数をアップした。

　側窓の上に設置したルーバータイプの車外スピーカーは、空気取り入れ口と間違えられることなどから通風口内に埋め込み、見栄えをよくした。蛇足ながら、03系第1〜25編成、05系第1〜18編成、6000系第35編成、7000系第33・34編成、8000系第10編成の車外スピーカーは、01系試作車と同じルーバータイプである。

　インテリアは床敷物の内側をベージュから茶色、黄色、白の混合色に変え、汚れを目立たなくさせたほか、ロングシートのシートモケット(シルバーシート〔現・優先席〕を除く)を赤からベージュに変えた。背もたれは着席区分を明確にするため、チョコレート、オレンジ、マルーンなどの色を使い、客室全体に落ち着いた雰囲気が向上した。また、シルバーシートのシートモケットをグレーからブルー系統に変更した。

　このほか、ファンデリアのカバーを丸形から角形に変更。車内駅名表示装置のデザインはシンプルなデザインとなり、併せて駅到着時に開く乗降用ドアの予告灯を設置した。なお、試作車は1997年9月30日(火曜日)の溜池山王駅開業に伴い、量産車と同じデザインに更新された。

　量産車は1984年11月30日(金曜日)にデビュー。以降、01系の増備による旧型車両の置き換えを進め、1987年12月末まで23編成投入された。

ついに冷房車が登場

　営団地下鉄は1988年からついに"冷房車解禁"となり、冷房

第5章 — 私鉄・公営通勤車両編

東京メトロ01系

車は架空線式車両を優先した。トンネルの断面は第3軌条路線よりも大きく、車両の屋根と架線のあいだに余裕があるからだ。

銀座線、丸ノ内線は、車両の屋根とトンネル天井のあいだが短いので、引き続きトンネル冷房で対応することにしたが、わずか2年後の1990年に待望の冷房車が登場。厚さ240ミリの超薄型セミ集中式冷房装置を開発し、1両につき2台を車端部に沈み込ませるように搭載した(1台14000kcal/h)。これに伴い、車端部の天井が下がった。

それ以外については、ファンデリアをラインフローファンに更新し、冷風が車内全体にいきわたるようにしたほか、妻面の一部に空調制御盤を設置したため、その部分は窓を省略した。

改造車は通風口と妻面窓の一部を除きアルミ板でふさぎ、痛々しい姿となり、客室の天井部分はレイアウトが大幅に変わった。

丸ノ内線は7月18日(水曜日)、銀座線は8月13日(月曜日)に冷房車の運転を開始した。また、01系の増備が再開され、第24編成以降は冷暖房完備、通風口の廃止、自動放送装置搭載、ロングシートのバケット化による着席区分がより明確になった。

一方、"昭和生まれ"の01系23編成については、1990年から5年間かけて冷房改造を実施。試作車については、尾灯のLED化も行なわれた。冷房改造

冷房改造車は、空調吹き出し口に特徴がある。

→ 339

後、自動放送装置の取りつけも行なわれ、清水牧子の甲高い声が車内に響き渡った。

銀座線の営業車両は01系に統一

　1992年の増備車から方向幕、運行番号表示器を幕式から3色LED式に変更され、2・5号車に車椅子スペースを設けた。

　1993年7月に第37編成が登場し、制御装置は1度見送られたVVVFインバータ制御、台車もボルスタレス式にそれぞれ変更された。これをもって、旧型車両の置き換えが完了し、最後まで残った2000形は7月24日(土曜日)に営業運転を終えた。

　8月2日(月曜日)にダイヤ改正が行なわれ、保安装置を打子式ATSからCS－ATCに更新され、最高速度も55km/hから65km/hに引き上げ、渋谷―浅草間の所要時間は35分から31

01系VVVFインバータ制御車は、2編成投入。

分に短縮した。

銀座線はCS−ATC化と同時にTASC（Train Automatic Stopping Controller：定位置停止支援装置）も導入された。先頭車の台車付近に車上子が設置され、線路上にある地上子からの位置情報を受け取ると、停止位置までの減速パターンを算出するもので、列車は自動でブレーキをかけて停まる。ただし、TASC動作中に停止信号で止まると、運転士が手動でブレーキ操作を行なう。

1997年8月、第38編成が増備され、「銀座線58年ぶりの新駅」として、9月30日（火曜日）に開業する溜池山王駅に向け輸送力増強に備えた。また、既存編成も車内駅名表示器、方向幕（第32編成以降は3色LED式のデジタル方向幕）の更新が行なわれた。特に後者は黒地から群青地に変更された。

丸ノ内線でも活躍した01系

01系の活躍は銀座線だけではない。1992年7月25日（土曜日）、隅田川花火大会開催に伴い、丸ノ内線荻窪発、銀座線浅草行きの臨時急行〈花火ライナー〉を3本運転した。

銀座線と丸ノ内線は車両規格が異なるため、使用車両は01系のみ充当。丸ノ内線のホームと01系のあいだは、足元に注意しなければならないほど空いているため、各号車に係員が乗り込んだ。ロングシート下にドアコックがあるため、係員はその部分に坐っている乗客に丁重にお願いして、立ってもらったあと、車掌が業務放送で指示を出す。係員は安全第一にドアコック操作し、手動で中央の乗降用ドアを開閉した。

荻窪を発車すると、丸ノ内線内は急行運転を行ない、中野坂

上、新宿に停車。赤坂見附は丸ノ内線ホームに到着し、乗務員交代という運転停車で客扱いは行なわない。

　赤坂見附を発車すると、銀座線に渡り、ここから先は各駅停車で浅草へ向かう。臨時急行〈花火ライナー〉は、1993年以降も隅田川花火大会開催時に運転され、夏の風物詩として定着したかに思えたが、1999年で運転を終了した。

　その後、元日に臨時急行〈新春ライナー荻窪〉〈新春ライナー浅草〉を運転した年はあったが、2006年から丸ノ内線本線部においてホームドア(可動式ホーム柵)の設置工事が始まるため、2005年をもって両線を行き来する営業列車の運転を終了した。

旧1000形を再現した01系

かえってきた、レモンイエローと茶色のカラーリング。

→ 342

第5章 — 私鉄・公営通勤車両編

東京メトロ01系

　01系が再び脚光を浴びたのは1997年11月23日（日曜日・勤労感謝の日）、「地下鉄走って70年」企画として、第22編成の1・6号車にフルラッピングを施した団体臨時列車〈70年記念列車〉を運転し、人々に衝撃を与えた。当初、6号車は東京地下鉄道旧1000形、1号車は東京高速鉄道100形を再現する案があったが、営団地下鉄は開業当時に重点を置くことになり、1・6号車とも前者に統一した。

　フルラッピング作業は中野工場で行なわれ、1・6号車は先述のとおり、2〜5号車は戸袋部分に東京の風俗をイラスト化したもので、側窓下に風船を貼った。1000形を再現したレモンイエローのボディーと茶色の屋根は、乗客から好評を博した。

　鉄道車両のラッピングは、車体の識別帯で使われるケースが多いので特に珍しいわけではないが、先頭車の前面も含め、1

10年後、AGAIN。

➡ 343

両まるごと"塗装"するのは珍しいもので、「地下鉄走って70年」の特別車両は"フルラッピングの嚆矢"と言えよう。

　2007年12月2日(日曜日)から約1か月のあいだ、東京メトロは「地下鉄走って80年」企画として、01系が2度目の"旧1000形再現車"が登場。今度は第17編成が起用され、6両全車にレモンイエローのボディー、茶色の屋根を再現し、前回に比べ色調は鮮やかになり、まぶしい輝きを魅せた。

被験車となった01系VVVFインバータ制御車

　同年9月、01系第38編成の2号車(電動客車)で、主回路システムをIM(Induction Moter：誘導電動機)からPMSM(Permanent Magnet Synchronous Motor：永久磁石同期電動機)に換装し、同じ電動客車の4・5号車を、そのままにして比較することにした。

　11月19日(月曜日)から営業運転を始めたところ、PMSMはIMに比べ、騒音、力行電力量の低減、回生電力量のアップなどが確認され、さらなる省エネ効果を得た。PMSMは2009年以降、02系大規模改修車、16000系などに採用され、今や東京メトロの標準となっている。

　2011年1月23日(月曜日)から2〜5号車の

01系第38編成のLED照明。

→ 344

室内灯は、一部を除きLEDに変えた。従来の蛍光灯に比べ、消費電力が低減されているにもかかわらず、純白で明るい印象を与えた。その後、東北地方太平洋沖地震(東日本大震災)を機にLED照明が注目されると、普及するまで時間を要しなかった。

　一方、もうひとつのVVVFインバータ制御である第37編成は、2012年1月に2号車の主回路システムをIMからSiC(シリコンカーバイド)パワーモジュールに換装し、4・5号車をそのままにして比較することにした。

　2月から営業運転を始めたところ、第38編成と同じ結果となり、さらなる省エネが実証された。

　さて、01系は1983年の登場から30年近く経過していたが、他路線の車両とは異なり、リニューアルは行なわれなかった。リニューアルをした場合、高周波分巻チョッパ制御からVVVFインバータ制御、方向幕もデジタル方向幕(3色LED式)、駅名表示器はマップ式からLCD式に、ドアチャイムも営団地下鉄のオリジナルからJR東日本首都圏電車と同じ音にそれぞれ変わっていただろう。

　東京メトロは2011年2月17日(木曜日)、銀座線用1000系の投入を発表し、01系を置き換えることになった。当時、"先輩"の6000系、7000系は廃車が発生していたが、"後輩"の01系が先に姿を消すという展開になるとは、誰も想像していなかったに違いない。

　01系がリニューアルされることなく、1000系に置き換えられる理由は、車両が小型ゆえ、ホームドアに関連した機器を搭載できるスペースがないからだ。東京メトロは全線全駅のホームドア導入を目指しており、時代の波に飲まれる恰好となってしまった。

⇒ 345

01系は永久に不滅です

1000系『くまモンラッピング電車』。(提供:東京地下鉄)

　同年9月、ついに1000系が登場した。外観はレトロを基調としながらも最新技術をふんだんに採り入れた。レモンイエローと茶色のボディーはフルラッピングを施したもので、8年以上の張り替えなしを予定しており、車体の一部にはアルミの"地肌"が見える。塗装しなかった理由は、塗装工場がないことと、環境負荷対策だ。

　1000系は2012年4月11日(水曜日)にデビュー。2013年5月28日(火曜日)、地下鉄及び第3軌条方式の車両では初めて、鉄道友の会ブルーリボン賞を受賞した。また、量産車(補助電源装置にSiCを採用)が投入され、01系は4月から廃車が始まると、

第5章 — 私鉄・公営通勤車両編

東京メトロ01系

1000系特別仕様車は、イベント用を兼ねている。

瞬く間に数を減らした。

　01系最後の営業運転は2017年3月10日(金曜日)、渋谷14時06分発の上野行き。最後まで残った第30編成は、1月1日(日曜日・元日)から2月24日(金曜日)まで、『くまモンラッピング電車』として、2016年4月14日(木曜日)に発生した熊本地震からの復興を祈念した。

　14時32分、終点上野に到着すると、平日の昼間ながら、レールファンがそれなりに集結し、01系の労をねぎらった。そして、2017年3月12日(日曜日)、上野検車区発中野車両基地行きの〈さよなら銀座線01系 メモリアルトレイン〉をもって、01系は34年間の歴史にピリオドを打ったが、活躍はまだまだ続いている。

　現在、試作車は2013年11月25日(月曜日)の廃車後、3両が教習車に転身し、中野車両基地で動態保存。01-129は前面部分が地下鉄博物館に移り、2016年7月12日(火曜日)から展

➡ 347

01系最後の営業運転列車が上野検車区へ引き上げる。(提供:東京地下鉄)

示を始め、静態保存されている。同一の電車において、動態、静態の両方で保存されているのは大変珍しい。また、解体された一部の車両は、教育用カットモデルとして、生き続ける。

第35・36編成の先頭車は、2014・2015年に熊本電気鉄道へ移籍。大掛かりな改造の末、「01形」として新たなスタートを切った。

試作車が再び地下へもぐることはない。(提供:東京地下鉄)

第5章 — 私鉄・公営通勤車両編

東京メトロ01系

地下鉄博物館なら、いつでも会える。

車体断面（床構体）の教育用カットモデル。

「この試作車に子供たちを乗せて地上線をめいっぱい走るのが夢であるがこの夢はかなえられそうもない」

『鉄道ファン』1983年8月号（交友社刊）の新車ガイドで、営団地下鉄車両部の刈田威彦設計課長（当時）が締めた言葉は、量産車4両が熊本電気鉄道へ移籍したことで、「夢は叶った」と言っていい。南国の地を走る姿は、すっかり板についた。

現役最後の01系となった第30編成のうち、01-630は2017年3月24日（金曜日）に中野車両基地から東京大学柏キャ

➡ 349

ンパスへ搬送された。今後は生産技術研究所において、研究用車両として活用される予定だという。その成果を基にした新型車両の登場を楽しみにしたい。

熊本名物、『くまモンのラッピング電車』。(提供：熊本電気鉄道)

2017年12月10日(日曜日)に中野車両基地で開催された90周年記念イベント。01系にとっては、引退後初の"晴れ舞台"。

第5章 — 私鉄・公営通勤車両編

東京メトロ01系

01系最後の譲渡。(提供：東京大学生産技術研究所 須田研究室)

➡ 351

コラム 熊本電鉄01形

この車両が縁で、熊本電鉄と東京メトロは、固い絆で結ばれた。

　01系改め01形は2015年3月16日(月曜日)、北熊本13時02分発の上熊本行き(ワンマン)でデビューした。銀座線と熊本電鉄は直流600ボルトという共通点はあるが、集電方式が前者は第3軌条式、後者は架空線式と異なるため、大掛かりな改造を受けた。

　おもな改造箇所は、01－100形を電装し、パンタグラフを搭載。01－600形も含め、屋根には絶縁処理を施した。

　制御装置は、高周波分巻チョッパ制御からVVVFインバータ制御へ換装。保安装置もCS－ATCからATSに取り換えた。

　線路幅も前者は標準軌、後者は狭軌と異なるため、台車も交換。川崎重工業が開発した次世代台車efWINGに履き替えた。費用を抑えるため、東京メトロで廃車された6000系の車輪と車軸、7000系の主電動機(01－600形のみ)

第5章 — 私鉄・公営通勤車両編

東京メトロ01系

を使用した"新古品"としている。

客室は中吊り広告をはさむ器具の一部撤去（第35編成は全撤去）、室内灯をLEDに交換、整理券発行機、運賃表、運賃箱の設置、01－100形のみ車椅子スペースの設置が行なわれた。

乗務員室はワンマン運転などに対応するため、様々な機器などが搭載された。このため、乗降促進ブザーやTASCは撤去、非常用貫通扉は"開かずの扉"となった。

営業運転開始後、スカートの取りつけやドアチャイムの変更が行なわれた。

現在は2編成とも『くまモンのラッピング電車』として運行されている。台湾からの観光客に人気を博すほか、熊本復興へのシンボル的な存在といえるだろう。特に第35編成は、銀座線1000系と同じカラーリングにフルラッピングされ、ひときわ目立つ存在となった。

エピローグ

　個人的なことで大変恐縮ながら、当初の予定より18年遅れで初の拙著を世に送り出し、読者の皆様にお届けする。

　拙著の話は会社勤めの2000年からあり、辛口の提言をする半面、あどりぶ、ギャグ、ボケ、オチなどを取り入れた"新感覚の鉄道紀行"は、「面白い」と高く評価されていたが、レールファンの認識をめぐって編集者と衝突し、流れてしまう。

　現業のフリーライター職としては、2010年3月に別の出版社で今回の拙著制作及び、2011年3月頃の発売が決まった。編集者は「一読かなり面白く、これはいけると思いました」、「以前お目にかかったxに見せました。xは、こういった内容を一冊に集めたものは今までなかったと思う、と高く評価しています」と売れる手応えを得ていた。

　しかし、2010年5月、今度は出版社の業績悪化により、商品発売の見直しが余儀なくされ、拙著は"「頓挫」という名の憂き目"に遭う。断腸の思いで白紙を伝えた編集者は2011年7月20日（水曜日）付で退職し、8月に44歳で噺家（はなしか）に転身。2018年6月で51歳になり、二ツ目の「立川寸志」として真打昇進を目指す。大願成就の暁には"史上最高齢真打昇進者"として、『笑点』でその姿を目（ま）の当たりにすることができよう。

　その後、2013年に別の出版社で発売が決まったが、諸般の都合でどんぶらこと流れてしまう。2015年も別テーマの書籍発売が決まったあと、再三打ち合わせを希望したにもかかわらず、編集者のスケジュールの都合で大幅に延ばされた挙句、私に虚偽の書類を渡していたことが発端で大いにもめた。

　さて、拙著は2008年から"山あり谷ありの車両"に注目し、

⇒ 354

エピローグ

独断でピックアップしたもので、当初は『悲運、不運の車両』として発売にこぎつけたいと思っていた。しかし、版元の春日俊一さんから"タイトル見直し案"を受けたこと、各鉄道事業者や各個人などから快く写真提供などの御協力をいただき、さすがに我を貫き通すのは相手に失礼と考えはじめる。

　ある日、東京メトロ01系の回送列車で特別に車内撮影させていただき、同行した広報部と別れたあと、『波瀾万丈の車両』が頭に浮かび、春日さんも受け入れてくれた。

　当初はもっと多くの車両を取り上げるつもりでいたが、ページ数の関係で絞ったことを御容赦いただきたい。可能ならば「season 2」として余すところなく披露しよう（たぶん）。

　版元は2014年に産声をあげた新進気鋭の企業で、毎月鉄道書を世に送り出している。意外と言っては失礼だが、版元側が鉄道書を直接制作したのは拙著が初。春日さんはレールファンではない、私は書籍制作に不慣れなことや、Ｏ型ならではの頑固さ、「瞬間湯沸かし器」と言われるほど気が短い性格もあり、壁にぶち当たることもあったが、「お互い納得のいくものを作り上げたい」という不変で乗り越えた。

　この場をお借りして、拙著の制作に御協力いただいた各鉄道事業者ならびに、各個人などに厚く御礼申し上げます。今後とも版元及び私を何卒よろしくお願い申し上げます。

　読者の皆様にお願いがございます。読了後、ヤフオクやメルカリなどの出品、古本屋への売却など、換金しないよう衷心よりお願い申し上げます。

2018年9月吉日　岸田法眼

参考資料(五十音順)

●雑誌・ムックなど

『運転協会誌』各号(日本鉄道運転協会)

『運輸界』1983年2月号(中央書院)

『大阪人』2012年1月号(大阪市都市工学情報センター)

『おとなの鉄道図鑑』(学研マーケティング)

『行政監察月報』1990年8月号(行政管理研究センター)

『京阪時刻表2008』(京阪エージェンシー)

『交通技術』1984年5月号(交通協力会)

『交通公社の時刻表』各号(日本交通公社)

『国鉄最終列車全国大追跡』(鉄道ジャーナル社)

『国鉄線』1983年2月号(交通協力会)

『車両技術』各号(日本鉄道車輌工業会)

『車両と電気』各号(車両電気協会)

『新幹線完全ガイド』(ベストセラーズ)

『旅と鉄道』各号(鉄道ジャーナル社)

『鉄道ジャーナル』各号(鉄道ジャーナル社、成美堂出版)

『鉄道ダイヤ情報』各号(交通新聞社)

『鉄道通信』1966年1月号(鉄道通信協会)

『鉄道のテクノロジー』各号(三栄書房)

『鉄道ピクトリアル』各号(電気車研究会)

『鉄道ファン』各号(交友社)

『電氣車の科学』各号(電気車研究会)

『電気鉄道』1973年6月号(鉄道電化協会)

『電車』各号(交友社)

『電車運転台のすべて』(玄光社)

『東急車輌技報』1992年9月号(東急車輌)

『東京急行電鉄50年史』(東京急行電鉄)

『東京地下鉄道日比谷線建設史』(帝都高速度交通営団)

『東武の車両 10年の歩み写真集』(東武鉄道、東武博物館)

『日本鉄道施設協会誌』2012年2月号(日本鉄道施設協会)

『日本の鉄道全路線6 JR四国』(鉄道ジャーナル社)

『年鑑日本の鉄道』各巻(鉄道ジャーナル社)

『ビジュアルガイド 首都圏の地下鉄』(イカロス出版)

『列車名鑑2000』(鉄道ジャーナル社)

『'91・3改正最新データ JR列車名鑑 特急・急行・快速』(鉄道ジャーナル社)

『'92・11現行最新データ JR特急列車』(鉄道ジャーナル社)

『Design News』219号(日本産業デザイン振興会)

『JREA』各号(日本鉄道技術協会)

参考資料

『JR時刻表』各号（弘済出版社刊、交通新聞社）
『JR列車大追跡』（鉄道ジャーナル社）
『R＆m』各号（日本鉄道車両機械技術協会）
『SUBWAY　日本地下鉄協会報』各号（日本地下鉄協会）

●新聞
　朝日新聞（朝日新聞社）
　日本経済新聞（日本経済新聞社）
　北海道新聞（北海道新聞社）
　毎日新聞（毎日新聞社）
　讀賣新聞（読売新聞社）

●ホームページなど
　アールグルッペ（http://bit.ly/2rZfmr6）
　愛称別トレインマーク事典（http://bit.ly/2pZXH4P）
　会津鉄道（http://bit.ly/2qYmWlW）
　あらかわ交通ノート（http://bit.ly/2qnNNLh）
　裏辺研究所（http://bit.ly/2q0dVuK）
　裏辺研究所（日本の旅・鉄道見聞録）Facebookページ（http://bit.ly/2qOwJOm）
　大阪市営地下鉄のファンサイト「Osaka-Subway.com」（http://bit.ly/2q2QMWn）
　大阪市交通局〔民営化に伴いURLを変更〕
　オオゼキタクオフィシャル鉄道ブログ　マジで終電5秒前（http://amba.to/2qWiNOC）
　おざようの過去ネタ三昧（http://bit.ly/2q2Uq2D）
　小田急電鉄（http://bit.ly/2q0k9L1）
　小田急レストランシステム（http://bit.ly/2qWeQcC）
　落武者の徒然なる日記帳（http://bit.ly/2pgpkr7）
　華盛交易（http://bit.ly/2qOzr6f）
　金失いの道ゆけば（http://bit.ly/2q2LN8j）
　〔北〕郡山 旅と鉄道ワールド（http://amba.to/2qWe6En）
　キハ185系資料館（http://bit.ly/2prt2cM）
　京阪電気鉄道（http://bit.ly/2pgAiNc）
　国土交通省（http://bit.ly/2qNU9Di）
　しゃとるーむ（http://bit.ly/2q30M1X）
　車内観察日記（http://amba.to/2qBSAYW）
　新日鐵住金（http://bit.ly/2pgBSi9）
　スポーツニッポン新聞社（http://bit.ly/2qOtztL）
　住吉急行電鉄の日報（http://bit.ly/2qnrpBy）
　田中正恭の汽車旅日記（http://bit.ly/2qOrCxH）
　つくば科学万博記念財団（http://bit.ly/1HElsjw）
　帝都高速度交通営団 銀座線 01系 清水牧子アナウンス（http://bit.ly/2pkhBEh）
　鉄道友の会（http://bit.ly/2pgGEMx）

鉄道ニュース〔交友社刊〕(http://bit.ly/1ShSA78)
鉄道ホビダス〔ネコ・パブリッシング刊〕(http://bit.ly/2prJMk1)
東京急行電鉄(http://bit.ly/2qYpHnn)
東京地下鉄(http://bit.ly/1fTdRow)
東京メトロ東西線〔私設サイト〕(http://bit.ly/2qn3Qc6)
東日本旅客鉄道(http://bit.ly/1WPaSgB)
東日本旅客鉄道仙台支社(http://bit.ly/2pYzjjr)
放電新快速のブログ(http://bit.ly/2rzRslR)
北海道の鉄道情報局(http://bit.ly/2pYZesW)
北海道旅客鉄道(http://bit.ly/2qqgEuE)
那珂川清流鉄道保存会(http://bit.ly/1MfBrl9)
ホテル&トラベルジャーナル(http://bit.ly/1PqliQl)
本四高速瀬戸大橋(http://bit.ly/123QokX)
盛モリのマルマルモリモリ鉄日記(http://amba.to/2qOaSq1)
レールで描く日本列島〜とんちゃんのブログ(http://bit.ly/2q0mxBC)
レスポンス〔イード刊〕(http://bit.ly/2r0DfBX)
47NEWS〔全国新聞ネット刊〕(http://bit.ly/2qzt0mO)
日本デザイン振興会 GOOD DESIGN AWARD(http://bit.ly/2qO5yTL)
JRおでかけネット(http://bit.ly/2qnhw79)
NHKオンライン(http://bit.ly/2qWcHᕤ6)
You Tube(http://bit.ly/2qNMd5e)
※インターネットのニュース及びプレスリリースは、期限切れによる掲載終了あり。

●書籍

『一度は乗りたい鉄道《1999年度版》』(松本典久著、並木書房)
『運転士が見た鉄道の舞台裏　新幹線の運転』(にわあつし著、ベストセラーズ)
『大阪の地下鉄ー創業期から現在までの全車両・全路線を詳細解説ー』(石本隆一著、産調出版)
『京阪特急』(沖中忠順(おきなかただより)編著、JTBパブリッシング)
『山陽新幹線　関西・中国・北九州を結ぶ大動脈』(南谷昌二郎著、JTB)
『史上最強カラー図解　プロが教える電車の運転としくみがわかる本』(谷藤克也監修、ナツメ社)
『私鉄の車両16　大阪市交通局』(飯島巌、吉谷和典、鹿島雅美、諸河久共著。保育社)
『新幹線の科学』(梅原淳著、ソフトバンク クリエイティブ)
『新・地下鉄ものがたり』(種村直樹著、日本交通公社)
『図解鉄道のしくみと走らせ方』(昭和鉄道高等学校編、かんき出版)
『達人が撮った鉄道黄金時代5　総天然色で見る昭和30年代の鉄道(西日本編)』(荻原二郎著、JTBパブリッシング)
『鉄道もの知り情報大百科』(南正時著、勁文社)
『鉄道用語事典』(久保田博著、グランプリ出版)
『東海道新幹線　写真・時刻表で見る新幹線の昨日・今日・明日』(須田寛著、JTB)

⇒ 358

参考資料

『東北・上越新幹線　東北・上越から山形・秋田・長野新幹線まで20年のあゆみ』
　（山之内秀一郎著、JTB）
『日本の私鉄18　大阪市営地下鉄』（赤松義夫、諸河久共著、保育社）
『日本鉄道史年表（国鉄・JR）』（三宅俊彦著、グランプリ出版）
『ヤマケイレイルブックス（別巻）開業40年　新幹線のすべて』（広田尚敬、広田
　泉、坂正博共著。山と渓谷社）

協力（五十音順）

●企業など
　一畑電車
　上田電鉄
　裏辺研究所
　大井川鐵道
　大阪市交通局（現・大阪市高速電気軌道）
　小田急電鉄
　華盛交易
　熊本電気鉄道
　鉄道総合技術研究所
　東京急行電鉄
　東京大学生産技術研究所　須田研究室
　東京地下鉄
　東武鉄道
　富山地方鉄道
　那珂川清流鉄道保存会
　西日本旅客鉄道
　福島交通
　富士急行
　北海道の鉄道情報局
　レイルウェイズグラフィック（RGG）

●個人
　間貞麿
　桑嶋直幹
　牧野和人
　松沼猛
　村田幸弘
　柳沼真一
　山岸宏
　※特記以外は著者撮影。

岸田 法眼（きしだ・ほうがん）

1976年栃木県生まれ。『Yahoo! セカンドライフ』（ヤフー刊）の選抜サポーターに抜擢され、2007年にライターデビュー。以降、フリーのレイルウェイ・ライターとして、『鉄道のテクノロジー』（三栄書房刊）、『鉄道ファン』（交友社刊）、『WEBRONZA』（朝日新聞社刊）、『＠DIME』（小学館刊）などに執筆。また、好角家の側面を持つ。本書が初の著書。引き続き旅や鉄道などを中心に著作を続ける。

波瀾万丈の車両　様々な運命をたどった鉄道車両列伝

発行日　2018年9月7日　初版第1刷

著　者　岸田 法眼

発行人　春日俊一
発行所　株式会社アルファベータブックス
　　　　〒102-0072 東京都千代田区飯田橋2-14-5 定谷ビル
　　　　Tel 03-3239-1850　Fax 03-3239-1851
　　　　website http://ab-books.hondana.jp/
　　　　e-mail alpha-beta@ab-books.co.jp
印　刷　株式会社エーヴィスシステムズ
製　本　株式会社難波製本

ブックデザイン　春日友美

©Hougan Kishida 2018, Printed in Japan
ISBN 978-4-86598-059-2　C0026

定価はダストジャケットに表示してあります。
本書掲載の文章及び写真・図版の無断転載を禁じます。
乱丁・落丁はお取り換えいたします。

アルファベータブックスの鉄道書

北海道の廃線アルバム　ISBN978-4-86598-839-0（18・07）

野沢 敬次 著

北海道の廃線記録！ 懐かしい鉄道風景。岩内線、根北線、万字線、幌内線、相生線、手宮線、標津線、瀬棚線、富内線、湧網線、白糠線、松前線、渚滑線、深名線、胆振線、羽幌線、興浜北線、士幌線、天北線、美幸線、名寄本線、留萌本線の一部、定山渓鉄道・旭川電軌等の私鉄、炭鉱鉄道等々を掲載！ B5判並製　定価2500円＋税

空から見た九州の街と鉄道駅　ISBN978-4-86598-838-3（18・06）

1960年代〜70年代

山田 亮 著

読売新聞社機・朝日新聞社機が撮影した空撮写真の数々！ 九州各都市が大きな変貌を遂げた1960〜70年代の街の様子、懐かしい鉄道駅の記録を満載した写真集。福岡・北九州の西鉄市内線をはじめ、長崎・熊本・鹿児島・大分の路面電車が走る街の思い出写真も掲載しています。 B5判並製　定価2400円＋税

小田急沿線アルバム　ISBN978-4-86598-837-6（18・05）

1960年代〜90年代

牧野 和人 著

昨年（2017年）は新宿〜小田原間の開業90周年、来年は江ノ島線開業90周年と多摩線開業45周年を迎える小田急線。本書では各路線の沿線風景を、1960年代〜90年代の写真を中心にふり返ります。懐かしい電車や駅前風景をお楽しみ頂くことができます。 B5判並製　定価1850円＋税

関西の国鉄アルバム　ISBN978-4-86598-836-9（18・04）

1970年代〜80年代

野口 昭雄 著

国鉄吹田工場に永年勤務した著者が撮り続けた1970年代〜80年代の国鉄記録。著者がオールカラーの大判フィルムで撮影した美しく精緻な画像の数々。主要幹線からローカル線まで、往年の関西の鉄道風景をお楽しみいただけます。 B5判並製　定価2400円＋税

広島県の鉄道　ISBN978-4-86598-835-2（18・03）

昭和〜平成の全路線

牧野 和人 著

広島県に鉄道が開通して120年余り。その後、全国的にも有数な鉄道と路面電車の高密度エリアへと発展し、JR・私鉄とも魅力的な車両が駆け抜ける。各路線の歴史トリビアをはじめ、往年の貴重な秘蔵写真、懐かしい昭和中期から平成にかけての写真など、盛りだくさんの内容を収録。 B5判並製　定価1850円＋税

参考資料

アルファベータブックスの鉄道書

朝日・読売・毎日新聞社が撮った 京王線、井の頭線の街と駅【1960～80年代】

生田 誠 著　　　　　　　　　　　　ISBN978-4-86598-834-5（18・02）

新宿～八王子直通運転開始90周年記念出版！　誰にとっても懐かしい、1960～80年代の朝日・読売・毎日新聞社が撮った、あの駅前風景を空から楽しめます！空撮だけでなく、地上の駅前写真、列車写真も盛りだくさん！　駅と周辺の歴史と地名、主要な建物についても詳しく解説！　B5判並製　定価2200円＋税

岐阜県の鉄道　　　　　ISBN978-4-86598-833-8（18・01）

昭和～平成の全路線　　　　　　　　　　　　　　　清水 武 著

岐阜県に鉄道が開通して130年。その後、全国的にも有数な鉄道高密度エリアへと発展し、JR・私鉄とも魅力的な車両が駆け抜ける。本書には各路線の歴史トリビアをはじめ、往年の貴重な秘蔵写真、懐かしい昭和中期から平成にかけての写真など、盛りだくさんの内容を収録。　B5判並製　定価1850円＋税

兵庫県の鉄道　　　　　ISBN978-4-86598-832-1（17・12）

昭和～平成の全路線　　　　　　　　　　　　　　野沢 敬次 著

兵庫県に鉄道が開通して140年余り。その後、全国的にも有数な鉄道高密度エリアへと発展し、JR・私鉄・公営交通とも魅力的な車両が駆け抜けています。本書には各路線の歴史トリビアをはじめ、往年の貴重な秘蔵写真、懐かしい昭和中期から平成にかけての写真などを収録。　B5判並製　定価1850円＋税

学研都市線、大和路線　　　　ISBN978-4-86598-831-4（17・11）

街と駅の1世紀　　　　　　　　　　　　　　　　　生田 誠 著

片町線の愛称「学研都市線」と、関西本線の電化区間「大和路線」全線全駅を紹介し、歴史を振り返ります。関西有数の通勤・通学路線として発展した沿線の「昭和の思い出」を発掘写真とともにたどります。鉄道ファンだけでなく、沿線にお住まいの皆様にもお楽しみいただける一冊！　B5判並製　定価1850円＋税

神奈川県の鉄道　　　　　ISBN978-4-86598-830-7（17・09）

昭和～平成の全路線　　　　　　　　　　　　　　杉﨑 行恭 著

神奈川県に鉄道が開通して145年。その後、全国的にも有数な鉄道高密度エリアへと発展し、JR・私鉄・公営交通とも魅力的な車両が駆け抜けています。本書には各路線の歴史トリビアをはじめ、往年の貴重な秘蔵写真、懐かしい昭和中期から平成にかけての写真など、盛りだくさんの内容を収録。　B5判並製　定価1850円＋税

次回 東武鉄道大追跡

　東武鉄道は2017年に創立120周年、2019年に開業120周年を迎える。それを記念し、岸田法眼が様々な列車に乗車したルポをあますところなく収録予定。通算2冊目(仮)の著書を読者の皆様にお届けする。

2019年発売予定
おたのしみに